MITTEILUNGEN

der

Geographischen Gesellschaft in Hamburg

Band XXV, Heft 2

Im Auftrage des Vorstandes herausgegeben

von

Dr. L. Friederichsen

Erstem Sekretär

Mit 7 Figuren im Text

HAMBURG

L. Friederichsen & Co.

(Inhaber: Dr. L. u. R. Friederichsen)

Land- und Seekartenhandlung

geographischer und nautischer Verlag

1911

Inhalt.

MITTEILUNGEN
der
Geographischen Gesellschaft in Hamburg
Band XXV

Im Auftrage des Vorstandes herausgegeben

von

Dr. L. Friederichsen
Erstem Sekretär

Mit 20 Originalabbildungen auf 10 Tafeln, einer Karte
und 10 Figuren im Text

HAMBURG
L. Friederichsen & Co.
(Inhaber: Dr. L. u. R. Friederichsen)
Land- und Seekartenhandlung
geographischer und nautischer Verlag
1911

Inhalt.

Abbildungen.

Karten.

Von Kilimatinde durch die Landschaft Turu nach Mkalama

im Februar bis März 1911

Vorläufiger Bericht (I) der Ostafrika-Expedition der Hamburger Geographischen Gesellschaft

Von Dr. **E. Obst**

Inhalt.

Von Kilimatinde durch die Landschaft Turu nach Mkalama

im Februar bis März 1911.

Von Dr. E. Obst.

Der ursprüngliche Plan der Expedition ging dahin, von Kilimatinde aus den südlichen Teil der Grossen Ostafrikanischen Störungszone zu durchwandern und dann, die Masai-Steppe durchquerend, nach Norden nach Aruscha und der Usambara-Bahn vorzustossen.

Die Anregungen, die wir an Bord der „Gertrud Woermann“ in Unterredungen mit Dr. *Carl Peters* und einigen landeskundigen Offizieren der Schutztruppe empfangen hatten, und die Rücksprache mit Militär- und Zivilbehörden in der Kolonie bestimmten uns jedoch, insbesondere der Trägerfrage und der Erforschung der am Eyassi-See herumschweifenden Pygmäenvölker wegen eine Änderung des Reiseweges vorzunehmen. Die Route wurde endgültig wie folgt festgesetzt:

Februar—März:	Landschaft Turu	Standquartier Singidda
April—Mai:	Iramba—Issansu und Pygmäenvölker am Eyassi .	„ Mkalama
Juni:	Landschaft Iraku	„ Umbulu
Juli—August:	„ Ufiomi u. Mangati	„ Mission Ufiomi
September—Oktober:	„ Irangi-Burungi ...	„ Kondoa-Irangi
November:	„ Ussandaui........	„ Kwa Mtoro
Dezember—Januar:	„ Ugogo bis zum Südende der Grossen Störungszone	„ Kilimatinde.

I. Morphologie der Landschaft Turu.

Von Makutapora, einer kleinen Haltestelle der Ostafrikanischen Zentralbahn, traten wir am 26. Januar den Marsch nach Kilimatinde an.[1]) Der Weg führt durch ein völlig ebenes, dürftig mit niedrigem Gras bewachsenes Gelände. Nur hier und dort bringen ungetüme Affenbrotbäume, vereinzelte Borassuspalmen in der Nähe der scharf eingerissenen Trockenbetten der Regenflüsse oder verstreut liegende Wagogo-Temben etwas Abwechselung in die Einförmigkeit der vielfach sandigen, heissen Niederung. Suchend späht das Auge über die in der Mittagshitze flimmernde Ebene nach der Steilstufe im Westen hinüber, bis endlich die schmucke Boma von Kilimatinde auf der Höhe dieser Stufe auftaucht. Noch vergehen einige Stunden, dann steht man endlich am Fusse der mauerartig nach Osten abfallenden sogenannten Ersten Bruchstufe. Ein steiler Weg führt den mit Akazienbusch überzogenen, wirr mit Granittrümmern bedeckten Abhang hinauf zur Boma. Sind wir oben angekommen, so schweift der Blick nach Osten über die weite, ziemlich dicht besiedelte Steppenniederung Ugogos,[2]) die in etwa 50—60 km Entfernung durch eine im bläulichen Horizontlicht sich abhebende Kette von vielleicht 50—100 m relativer Höhe begrenzt wird. Im Westen dagegen breitet sich jenseits der Talfurche des Sólia-Baches eine leichtgewellte, fleissig bebaute Hochebene bis zu den Bergen von Muhalála hin aus.

Nachdem wir am 27. Januar zunächst an der von der Station veranstalteten Kaisersgeburtstags-Feier und den anschliessenden Volksbelustigungen der in Scharen herbeigeströmten Wagogo teilgenommen hatten, galt es dann in den folgenden Tagen einige kleinere und grössere Exkursionen in die Umgebung zu unternehmen, die letzten Vorbereitungen für die Safari (Reise) nach Norden zu treffen, Einzelheiten des Reiseweges zu besprechen usw. — Am 8. Februar endlich brachen wir von Kilimatinde auf. Das Ziel des ersten Tagemarsches war die in der Ugogo-Steppe gelegene Ortschaft Mtiwe. Von hier führte uns

---

[1]) Vgl. Grosser Deutscher Kolonial-Atlas Nr. 20 (Deutsch-Ostafrika Bl. 5); Karte von Deutsch-Ostafrika 1 : 300 000 Sektion D 4 (Kilimatinde); Karte des besiedelten Gebietes der Landschaft Turu, 1:100 000, Mitt. a. d. Deutschen Schutzgebieten XXIV, Karte 4. 1911.

[2]) Nach der Zahl der steuerpflichtigen Wagogo ist die Gesamtbevölkerung der Ugogo-Steppe auf 40—50 000 Menschen zu schätzen.

der Weg durch die ebenen Weideländereien der Wagogo nach Norden, die Erste Bruchstufe hinauf und weiter bis Saránda am Fusse der östlichen, sogenannten Zweiten Bruchstufe, der wir am folgenden Tage in der Richtung Südost[1]) bis Muhalála (Jumbe Mesomápia) folgten. Auch von Saránda und Muhalála aus unternahmen wir mehrere Ausflüge, durch die wir uns im Verein mit früheren Beobachtungen einen leidlichen Überblick über den Aufbau dieses südlichsten Abschnitts unseres Forschungsgebietes verschafften.

Das vorherrschende Gestein ist ein heller, mittelkörniger Granit, dessen mächtige Trümmerhalden sich an den Abhängen der beiden Bruchstufen hinaufziehen und oben in wahren Felslabyrinthen enden. Ausgeprägte schalige Verwitterung, starke Zertrümmerung der Felsen mit allen typischen Insolationserscheinungen und ungemein häufige Durchsetzung des Granits mit schmäleren oder breiteren Gängen eines Quarz-Feldspat-Gesteins bilden das charakteristische Merkmal der Granitgebiete.

Diesem kristallinen Gestein ist in der Umgebung von Kilimatinde-Saránda-Muhalála an verschiedenen Stellen ein Trümmergestein aufgelagert: graue bis rötlich-braune, fossilleere grobe Sandsteine und Konglomerate, die durch die Verwitterung zu einem groben Quarzschotter zerfallen. Sie mögen vorläufig unter dem Namen „Kilimatinde-Konglomerate“ zusammengefasst sein. Das Gestein besteht ausschliesslich aus Quarzkörnern, die mit einem lehmig-tonigen Bindemittel verkittet sind. Granitbrocken oder Trümmer eines anderen Gesteins fehlen vollkommen. Die Quarze sind von ausserordentlich wechselnder Grösse; in manchen Blöcken – das Gestein ist wie der Granit stark zertrümmert — bilden sie Körnchen von wenigen Millimeter Ausmass, an anderer Stelle sind es faustgrosse bis kindskopfgrosse, stets aber kantige oder nur ganz wenig abgeschliffene Stücke. Eine Schichtung ist mit Sieherheit nicht festzustellen, jedoch hat es den Anschein, als ob dem Granit zunächst ein sehr grobes Basalkonglomerat aufgelagert sei, auf das nach oben hin Ablagerungen von feinerem Korn folgen.

Kennzeichnend für die Kilimatinde-Konglomerate, wo immer man sie antreffen mag, sind eine stark eisenschüssige, rötliche bis blaurote Rinde von 1—10 cm Dicke, löcherige Verwitterung und hier und dort Firnisglanz, sodass man zunächst an die von einigen Forschern angenommene mesozoisch-tertiäre Wüstenperiode denken und die

[1]) Muss wohl Südwest heissen. Dr. *L. Fr.*

Kilimatinde-Konglomerate als Reste einer aus jener Zeit stammenden Schuttdecke ansprechen möchte.

Allein, wenn man die Kilimatinde-Konglomerate näher ins Auge fasst, so findet man, dass sie keineswegs deckenförmig über dem Granit ausgebreitet, vielmehr an gewisse Linien in der Landschaft gebunden sind: an den Verlauf der Talfurchen. Bei Kilimatinde selbst krönen sie in der unmittelbaren Nähe der Boma den Gipfel des Stufenrandes und bedecken hier bei der „Schönen Aussicht" den Granit als ein etwa 15—25 m mächtiger, ca. 50—100 m breiter und ca. 1 km langer Streifen, der im Westen von der Talfurche des Sólia begrenzt wird. Jenseits dieses Tales, in dessen Sohle Granit ansteht, etwa 50 m über dem gegenwärtigen Flussniveau findet sich abermals Sandstein-Konglomerat als schmaler, dem Sólia folgender Streifen von $1^1/_2$—2 km Länge und 3 – 5 m Mächtigkeit. Durchwandert man die zwischen den beiden Bruchstufen gelegene Scholle, so treten die Kilimatinde-Konglomerate erst wieder kurz vor Muhalála auf und zwar da, wo sich das Gelände der Mahnke'schen Pflanzung sanft zu einer sumpfigen Schwarzerde-Niederung abdacht. Westlich hiervon folgt abermals ein vielleicht 100—150 m breiter, flacher Konglomerat-Rücken, der diese Schwarzerde-Niederung zugleich von einer im Westen folgenden zweiten mit Schwarzerde erfüllten Talfurche trennt. Das nächste Vorkommen befindet sich dann jenseits dieser Schwarzerde auf der Höhe der 2. Bruchstufe, wo die Kilimatinde-Konglomerate in Resten von sehr wechselnder Flächenausdehnung einen grossen Teil der von Nordost nach Südwest verlaufenden Gipfelpartien bedecken, stellenweise eine Mächtigkeit von 25—30 m erreichen, dabei aber auf eine Breite von 50—100 m beschränkt bleiben. — Auch in der Ugogo-Niederung, 2—500 m von der 1. Bruchstufe entfernt, fanden wir anstehende Kilimatinde-Konglomerate, desgleichen in der näheren und weiteren Umgebung von Saránda.

Alle Beobachtungen über die Struktur und die Verbreitung der Kilimatinde-Konglomerate fügen sich zu der Vorstellung zusammen, dass wir in ihnen Flussablagerungen und zwar grösstenteils oder ausschliesslich aus der Zeit vor der Bildung der Bruchstufen zu erblicken haben. Die Verwerfungen durchsetzten anscheinend breite Talmulden des Granittafellandes, durchschnitten die Betten von Flüssen, die sich (wie die grosse Mehrzahl der Flüsse auf der tektonisch unberührt gebliebenen Granittafel im Westen noch heute) durch ständige Anhäufung von Schuttmaterial dem Gleichgewichts- oder Endprofil näherten. Die groben Basalkonglomerate mögen aus der Zeit stammen, wo diese Flüsse ihr gefällereiches Bett mit geringem

Querschnitt zu riesigen Mulden ausarbeiteten und mit der stetigen Verminderung des Gefälles die Geschwindigkeit und Transportkraft des Wassers derart erlahmte, dass zunächst die gröberen, später dann auch die feineren Schuttmassen abgelagert wurden. — Ein Teil der in den Talböden dieser Flüsse aufgeschütteten Materialien wurde dann bei der tektonischen Zerstückelung in die Höhe gehoben und dadurch der intensiven periodischen Durchfeuchtung und Wiederaufarbeitung durch fliessendes Wasser entzogen, während der niedriger gelegene Rest zum grössten Teil der Zerstörung anheimfiel.

Die Talfurchen, in denen die Kilimatinde-Konglomerate abgesetzt wurden, sind zum Teil noch in der Gegenwart als breite, flachböschige, vielfach mit sumpfiger Schwarzerde erfüllte Mulden zu erkennen, zum Teil (z. B. beim Sólia und dem Saránda-Bach) scheint bei ihnen auf die frühere Periode der Aufschüttung, wohl infolge der durch die tektonische Zerstückelung erfolgten Aufrichtung der Erosionskurve, eine Periode erneuter intensiver Erosion und Vertiefung des Flussbettes erfolgt zu sein.

Die Frage, ob man zur Erklärung der Entstehung der Kilimatinde-Konglomerate eine wesentlich niederschlagsreichere Klimaperiode annehmen muss, möchte ich vorläufig unentschieden lassen, wenngleich vieles dafür zu sprechen scheint. Am Rande der Bruchstufen entsteht auch in der Gegenwart durch die zahlreichen Eintags- und periodischen Bäche, deren Wasser infolge Verminderung des Gefälles und der Wassermenge an Transportkraft schnell verliert, ein Schutt (Odóngo) von stellenweise $^1/_2$—2 m Mächtigkeit. Dieser Odóngo unterscheidet sich wohl hinsichtlich der Festigkeit und Farbe von den Kilimatinde-Konglomeraten, nicht aber hinsichtlich seiner petrographischen Struktur. Der geringe Transportweg bewahrt auch hier den Quarzstücken zum grössten Teil ihre ursprüngliche, eckige Gestalt, und wo der Odóngo bereits mehrere Jahre hindureh unaufgearbeitet geblieben ist, hat das erhärtete tonig-lehmige Bindemittel dem Schutt eine solche Festigkeit verliehen, dass man im Zweifel sein kann, ob es sich noch um rezenten Odóngo oder um Kilimatinde-Konglomerate, d. h. fossilen Odóngo handelt. — Aber dieser rezente Odóngo der das früheste Stadium der Kilimatinde-Konglomerate repräsentiert, steht an horizontaler wie vertikaler Ausdehnung weit hinter diesen zurück. Und selbst wenn man die Verschiedenheit in der Grösse des Querschnitts der Flussbetten und die dadurch bedingte Verschiedenheit in der Menge des zum Absatz gelangenden Schuttmaterials berücksichtigt, bleiben genug Punkte übrig, die für ein ehemals niederschlagsreicheres Klima sprechen. Ich komme an späterer Stelle noch einmal auf diese Frage zurück.

Vergesellschaftet mit den Kilimatinde-Konglomeraten und wie diese stets an das Vorhandensein von Talfurchen gebunden, fand ich nordwestlich von Kilimatinde, bei Saránda und in der Nähe von Manióni an der Baustrecke der Zentralbahn ein Gestein, dessen Natur wohl erst durch die spätere Dünnschliffuntersuchung mit Sicherheit zu erkennen sein dürfte. Es ähnelt in manchen Handstücken ausserordentlich einem Quarzporphyr, in anderen glaubt man mit Sicherheit einen metamorphisierten Sandstein vor sich zu haben. Ich neige vorläufig dazu, es als ein Umwandlungsprodukt der Kilimatinde-Konglomerate anzusehen.

Nach Beendigung der einleitenden morphologischen Studien im nördlichen Ugogo erfolgte am 15. Februar der Aufbruch nach Norden zur Landschaft Turu. Durch Dornbusch und Schirmakazienwald schlängelte sich der Weg in den ersten Tagen am Fusse der felsigen, wohl 80—100 m hohen 2. Bruchstufe entlang. Dann ging es hinauf und auf wenig begangenen Negerpfaden durch dichten Busch, an völlig abgelegenen, versteckten Wanyaturu-Temben vorüber nach Norden. Am 22. Februar kreuzten wir bei der von Stanley's Route her bekannten Ortschaft Suna die Karawanenstrasse Kilimatinde—Singidda, marschierten dann in einem grossen Bogen durch Südwest-Turu über Tungapínda-Kapángo-Jéngu nach Norden und erreichten schliesslich am 1. März den Militärposten Singidda, den Zentralpunkt der Landschaft Turu.

Die Oberflächengestaltung dieses südlichen Teiles von Turu — und, wie hier gleich vorausgeschickt sei, zeigt auch das östliche und nördliche Turu im wesentlichen dasselbe Relief mit geringer örtlicher Differenzierung — wird durch den Wechsel ausgedehnter, stellenweise 1—2 km breiter, vielfach sumpfiger Tal-Niederungen und sanftwelliger, mit rötlicher Verwitterungserde bedeckter, hier und dort felsengekrönter Granitrücken bestimmt. Steht man auf der Höhe einer solchen Granitwelle, so blickt man über ein ausserordentlich schwach gegliedertes, fast ebenes Busch- und Grasland. Nur hier und dort zeigen flachgewölbte Rücken oder langestreckte Felsgruppen den Verlauf der in mächtigen Windungen die Hochfläche durchziehenden Talfurchen an, in denen gewaltige Wassermassen einst an der Einebenung des Landes gearbeitet haben mögen. Gegenwärtig ist ein grosser Teil dieser 1 bis 2 km breiten und 30 bis 50 m tiefen, flachböschigen Talmulden mit Schwarzerde ausgefüllt, in der Trockenzeit eine staubige Niederung mit rissigem schwarzen

Boden, in der Regenzeit ein schwer passierbarer Sumpf meist ohne zusammenhängende Wasserader. Eine nennenswerte Schuttzufuhr findet hier nicht mehr statt; das Wasser stagniert oder schleicht träge von einem Tümpel zum andern: das Endziel der Erosion, das Endprofil ist erreicht.

An anderer Stelle wiederum scheint die Erosion von dieser Endkurve noch entfernt zu sein, bezw. eine Periode der Aufschüttung oder des Stillstandes der Erosion durch eine Phase energischer Erosion abgelöst worden zu sein. In diesem Falle finden wir in der Schwarzerde-Niederung in der Richtung der Muldenachse ein 5 bis 10 m breites und 3 bis 6 m tiefes scharf eingerissenes Bachbett, dessen jugendliche Gestalt in auffallendstem Gegensatz zu dem trägen, greisenhaften Charakter der grossen Talmulde steht. Besonders in den von Ost nach West verlaufenden Talfurchen konnten wir derartige mit lockeren Flusssanden und -kiesen erfüllte Wasserrisse feststellen, die nach den Mitteilungen der Eingeborenen-Führer nach lang anhaltendem Regen zu reissenden Flüssen anschwellen. Man wird nicht fehlgehen, wenn man als Ursache dieser neuen Erosionsphase die mit der tektonischen Zerstückelung verbundene Änderung der Gefällsverhältnisse ansieht.

Von grossem Interesse, theoretischem wie praktischem, ist das Vorkommen ausgedehnter Kalkablagerungen in der Mehrzahl der Schwarzerde-Mulden. In der Nähe der Niederlassung der Weissen Väter (Ost-Turu) steht der zum Teil mit Gras- und Schilfresten erfüllte durch Sand verunreinigte Kalk am Rande der Mulde, ca. 1 bis $1^1/_2$ m unter der Schwarzerde an. In Nord-Turu (Jumbe Siki) wird ein sehr hochprozentiger, gleichfalls mit Pflanzenresten durchsetzter Kalkstein nahe dem Muldeninnersten in $^1/_2$ bis 2 m tiefen Löchern gegraben. Hier ist man indessen bisher nicht auf anstehenden Kalk, sondern auf verschieden grosse, in Schwarzerde gebettete Trümmer gestossen. Interessante Studien über die Kalkbildung konnten dann später auch am Tonge-Sumpf und an anderen Stellen gemacht werden, jedoch verbietet der Raum ein Eingehen auf die mannigfachen Probleme, die mit diesen Kalkablagerungen verknüpft sind.

Anthropologisch-ethnographische und linguistische Studien, von denen hernach die Rede sein wird, hielten uns in Singidda mehr als drei Wochen fest. Zahlreiche Exkursionen, deren Ziel heute die Tembe eines Schmiede- oder Töpfer-Fundis (-Meisters), morgen ein interessanter geologischer Aufschluss, ein anderes Mal wieder eine Ausgrabungsstelle bildete, machten uns mit dem zentralen Teil der Landschaft Turu und seinen Bewohnern, den Warimi, vertraut.

Nachdem diese Studien beendet und reiche Materialsammlungen geborgen waren, traten wir am 27. März unsere Wanderung durch Ost-Turu an, die uns schliesslich nach mehrmaligem Kreuzen der Bruchstufe zu dem am Fusse des Steilrandes in der „Grabensohle" gelegenen Balángida-See führte. Von hier ging dann der Weg quer durch ganz Nord-Turu zur Karawanenstrasse Singidda-Mkaláma, auf der wir am 19. Apirl unser nächstes Standquartier, den Militärposten Mkalama erreichten.

Ich bemerkte schon oben, dass auch in Ost- und Nord-Turu der Fastebene-Charakter für die Landschaft kennzeichnend ist. In Ost-Turu jedoch kommen noch zwei Eigentümlichkeiten hinzu, die bei der Skizzierung des Reliefs nicht vergessen werden dürfen: ein deutliches Ansteigen des Geländes nach Osten, die Aufwulstung eines dem Bruchrande benachbarten Streifens von 2—3 km Breite und, ebenfalls auf die östlichsten Partien beschränkt, eine ausserordentliche Vermehrung der Felsgruppen, die in dem von Westen kommenden Wanderer geradezu den Eindruck eines Felsenmeeres hervorrufen. Auf den ersten Blick sind alle diese Felsberge wirr und regellos über den ganzen Abfall des aufgewulsteten Bruchstufenrandes verteilt. Durchwandert man jedoch diese steinigen Gebiete, so gewahrt man, dass bei fast allen von ihnen die Entstehung aufs deutlichste zu erkennen ist: sie krönen die Wasserscheiden zwischen den gerade hier in der Aufwulstungsregion sehr zahlreichen episodischen und periodischen Flussläufen, die mit jugendlicher Kraft und Wucht sich immer tiefer in den Abhang einnagen und ihn zu erniedrigen streben, sind also Formen, die augenfällig der Wühlarbeit des fliessenden Wassers ihre Entstehung verdanken. Nicht eine einzige Beobachtung spricht für eine primäre Wüstenoberfläche, die etwa nachträglich umgestaltet und verwischt worden wäre, vielmehr lassen sich hier wie in ganz Turu selbst die kleinen Einzelheiten des Reliefs zwanglos durch die Erosion und Aufschüttung des fliessenden Wassers erklären. Zweifel können höchstens über den Termin der Herausarbeitung dieser Formen bestehen. Ich neige zu der Ansicht, dass die Felsberge in einer vergangenen niederschlagsreicheren Periode entstanden sind und sich in dem gegenwärtigen Klima durch intensive Schuttbildung selbst begraben.

Die etwa 2—3 km breite Aufwulstungszone längs der Bruchstufe wird im Westen durch eine riesige, dem Bruchrande parallel streichende Talmulde begrenzt, in der sich das von beiden Flanken herabströmende Regenwasser und der insbesondere von dem östlichen, steilen Abhang zugeführte Schutt sammeln. Das Gefälle ist sehr gering und nicht einsinnig. Niedrige, häufig kaum wahrnehmbare Schwellen gliedern die Mulde in verschiedene hydrographische Abteilungen, innerhalb derer das Wasser hier nach Nordosten, dort nach Südwesten abfliesst, um nach kürzerer oder längerer Zeit in einem Sumpf, Tümpel oder See sein Ende zu finden. Besonderes Interesse verdienen von diesen zahlreichen hydrographischen Abteilungen der grossen Talmulde zwei, die nach den beiden darin entstandenen ca. 3—4 km von einander entfernten Seen als Singidda- bezw. Kindaï-Furche bezeichnet sein mögen. Verweilen wir einen Augenblick bei der ersteren.

Während das nordöstliche Ende der Singidda-Furche sich ganz allmählich zum Niveau des Singidda-Salzsees hinabsenkt, stösst das vom See eingenommene südwestliche Ende gegen einen 8—10 m hohen Rücken, auf dessen Höhe die ebenso zweckmässig wie geschmackvoll gebaute Boma errichtet worden ist. In der Gegenwart erhält der Salzsee nur nach anhaltendem Regen Zufluss aus Nordosten, in junger geologischer Vergangenheit aber müssen erheblich grössere, vielleicht sogar permanent fliessende Wassermassen den Rücken überstiegen und weiter nach Südwesten geflossen sein, denn sowohl der Singidda-Rücken wie die Flanken der beiden nach Nordosten bezw. Südwesten sich anschliessenden Furchen sind mit Geröllen eines an die Kilimatinde-Konglomerate erinnernden Odóngo-Gesteins bedeckt, und diese Gerölle liegen auf den Flanken in so erheblicher Höhe über der Sohle der Furche, dass kaum ein Zweifel an dem Vorhandensein eines ehemals wesentlich niederschlagsreicheren Klimas bestehen kann. Man wird annehmen dürfen, dass in dieser Zeit, wo grössere Wassermengen periodisch oder permanent über den Singidda-Rücken hinwegflossen, sich das Wasser zum Teil an diesem Rücken brach. Die höheren Wasserschichten flossen nach Südwesten weiter, die tieferen dagegen glitten den nordöstlichen Abhang des Rückens hinab, es entwickelte sich eine nach Nordosten gerichtete Gegenströmung, die, vielleicht in Verbindung mit Wirbelbewegungen des Wassers, eine trogförmige Vertiefung am Fusse des Rückens auskolkte. In der Folgezeit wurden nun die Niederschlagsmengen geringer und geringer, bis schliesslich der Rücken zur unüberwindlichen Schranke wurde. Das Wasser sammelte sich von nun ab in der vorher gebildeten schüsselförmigen Vertiefung an: der Singidda-See war entstanden. Aber die morphologische Ausgestaltung hat damit ihr Ende noch nicht erreicht. Zahlreiche kleine Regenbäche führen dem schon gegenwärtig nur noch $^1/_4$—$^1/_2$ m tiefen See, dessen Wasserstand je nach den Niederschlägen Schwankungen bis zu $1^1/_2$ m aufweist, nicht allein die in ihnen gelösten Salze zu, die in der

Trockenzeit hernach abgeschieden werden, sondern vor allem erhebliche Mengen Verwitterungsschuttes, durch die eine immer deutlicher Platz greifende Ausfüllung des Seebeckens erfolgt. So erscheint das gegenwärtige Salzsee-Stadium — beim Kindaï-See liegen die Verhältnisse ganz analog — nur als ein Glied der morphologischen Entwickelung, die mit der Modellierung des Flussbettes beginnt und mit dem Schwarzerde-Sumpf endet.

Werfen wir zum Schluss unserer morphologischen Betrachtungen noch einen Blick auf die das eigentliche Turu im Osten begrenzende Bruchstufe [1]) und den ihr vorgelagerten Balángida-See in der „Grabensohle“. Mauerartig stürzt die felsige Wand der Bruchstufe nach Osten ab. Noch so jugendlich sind die Formen dieser Steilstufe, noch so ungemein wenig von der nagenden, furchenziehenden Macht des fliessenden Wassers mitgenommen, dass man immer wieder an das offenbar noch sehr junge geologische Alter dieser Verwerfung gemahnt wird. Ähnlich wie bei der Ersten Bruchstufe in der Nähe von Kilimatinde und der Zweiten Bruchstufe Muhalála-Saránda finden sich auch hier auf der Höhe des aufgewulsteten Stufenrandes Trümmergesteine, deren Struktur eine enge genetische Verwandschaft mit den Kilimatinde-Konglomeraten offenbart. Am Fusse der Bruchstufe zieht sich der von West-Südwest nach Ost-Nordost gestreckte, wohl 20—25 km lange und 2—8 km breite Balángida-See hin, wie die Turu-Salzseen ein sehr flaches Becken mit 30—50 cm Maximaltiefe. Im Gegensatz zu dem monotonen und rauhen Landschaftscharakter der Turu-Rumpffläche, geniesst man am Balángida endlich wieder einmal ein Bild anheimelnder Lieblichkeit. Prächtige hohe Schirmakazien säumen das Ufer allseitig ein. Schaaren von Zebras, Gnus und Straussen, von Hartebeests, Schwarzferse-Antilopen und Thomson-Gazellen beleben die Ufer; ungezählte Mengen von zierlichen rosagefärbten Flamingos, von Gänsen, Enten und Reihern suchen sich in dem flachen, salzigen Wasser ihre Nahrung. Und als Abschluss dieses idyllischen Panoramas steigt im Norden der mächtige Vulkankegel des Gurui empor, das Wahrzeichen der Wamangáti. Bietet sich hier dem Geologen schon in der Gegenwart eine Fülle interessanter Probleme dar, so wird dies in noch höherem Masse in der Zukunft der Fall sein. Die Balángida-Schichten werden dem Geologen einst ein leidlich erschöpfendes Bild von dem Tierleben

---

[1]) Der Bezirk des Militärpostens Singidda greift erheblich weiter nach Osten hinüber, aber die Bewohner sind dort keine reine Wanyaturu mehr.

vergangener Zeiten vorzaubern. Der graue Schlick des Sees birgt neben zahlreichen Knochen grosser Säuger, Schnecken- und Muschelschalen in Hülle und Fülle; hier und dort sieht man Käfer und riesige, bis zu 20 cm lange Skorpione, die vom Regenwasser in den See gespült worden sind, an anderer Stelle wieder Insekten, vor allem Libellen, die mit ihren Flügeln den zähen Schlickboden berührt haben und nun in ihm begraben liegen.

Über die Morphologie des nördlichen Turu können wir uns kurz fassen. Es ist dasselbe Auf und Ab über leichtgewelltes Busch- und Grasland, derselbe Wechsel sumpfiger Schwarzerde-Niederungen und rötlicher Granitwellen, der uns schon aus dem übrigen Turu zur Genüge bekannt ist.

II. Die Wanyaturu.

Die Bewohner der Turu-Fastebene haben von den Küstenleuten den Namen Wanyaturu erhalten, bezeichnen sich selbst jedoch als Warími, ihr Land als Urími, ein Name, der ursprünglich wohl nur dem zentralen Teil der Landschaft zukam. Von den Wagogo im Süden, den Wanyamwezi, Waïranba und Waïsansu im Westen, den Wamangati im Norden und den Wassandaui im Osten begrenzt und in einem schmalen peripherischen Saum mit ihnen vermischt, haben sich die Wanyaturu gegenwärtig noch ein gut Teil ihrer ursprünglichen Eigenart bewahrt. Aber schon mehrt sich mit der Nähe der beiden Bahnlinien die Zahl der Turu durchziehenden Händler, Inder und Griechen vornehmlich; auch Europäer[1]) führt der Weg in immer wachsender Zahl durch das früher sorgsam umgangene Turuland, und beides trägt naturgemäss mehr und mehr dazu bei, die alten Sitten und Gebräuche der Warími zu verwischen. Dadurch, dass wir abseits von den Karawanenstrassen auf einsamen Negerpfaden fast acht Wochen hindurch das Turuland kreuz und quer durchzogen, konnten wir gewiss vieles beobachten und vieles erkunden, aber über viele andere Fragen wiederum, insbesondere über Fragen, die das Geistesleben der Warími betreffen, ist das gesammelte Material im ganzen gering. Wie gern hätten wir noch einige weitere Wochen dem Studium der Wanya-

---

[1]) Der Neger unterscheidet mit feinem Gefühl zwischem dem Europäer und Griechen. Die in Deutsch-Ostafrika lebenden Griechen stammen fast ausschliesslich aus Kleinasien und können ihrer ganzen Lebensweise nach in der Tat kaum Anspruch darauf erheben, als vollwertige wazungu (Europäer) angesehen zu werden.

turu gewidmet, aber die in dem Programm vorgesehene Zeit ist überdies schon um mehr als drei Wochen überschritten worden. Und hätten schliesslich vier oder sechs Wochen genügt, um mit einiger Intensität in das Geistesleben des Volkes einzudringen? Es bleibt eben bei einer grossen Reise nichts anderes übrig, als einen Kompromiss zu schliessen zwischen dem Gewollten und dem Möglichen.

Wenn man das Leben und Treiben des Turuvolkes mit einigen Strichen skizzieren will, drängt es einen unwillkürlich, dieser Skizze ein Motto vorauszusetzen, das mit ein paar Worten die Eigenart der Bevölkerung kennzeichnet. Dieses Motto lautet für die Wanyaturu: Selbstbewusstsein und Drang nach Unabhängigkeit. Aus ihm erklärt sich das ruhige, sichere Auftreten der Wanyaturu, erklärt sich ebenso die Siedelungsart, das völlige Fehlen irgend welcher zusammenhängender, dorfähnlicher Tembenkomplexe, wie das gänzliche Fehlen von Fürstengeschlechtern oder besonders geachteter führender Kasten, erklärt sich in gleicher Weise die je nach Belieben hier vorhandene, dort fehlende Zahnverstümmelung [1]) oder Durchbohrung des Ohrläppchens, erklärt sich unter anderem auch die bis zur Abneigung gesteigerte Gleichgültigkeit gegen mohammedanische und christliche Missionsbestrebungen [2]). Man versteht die braven Alten, die jeden mit einem Amerikano-Lappen bekleideten Mnyaturu von ihrem Besitz fernhalten oder gar zu erschiessen drohen, weil er die Sitten der Väter verachte und nach den elenden wazungu (Europäer) stinke, versteht auch jene Turu-Männer, die, wenn sie zur Boma-Arbeit eingezogen sind, trotz aller Strafen immer wieder zu entwischen versuchen und dreist erklären: bei nächster Gelegenheit laufe ich von neuem davon, ich arbeite nicht für die Boma. Das ist nicht Faulheit, nicht Scheu vor der Arbeit als solcher, sondern der Ausdruck des in dem alten Geschlecht noch mächtig wurzelnden Hanges und Dranges nach Freiheit und Unabhängigkeit, des sehr lebendigen Wunsches, frei von aller Bevormundung in der isoliert gelegenen Tembe als eigener Herr zu schalten und zu walten.

---

[1]) Es werden die beiden mittleren unteren Schneidezähne ausgeschlagen.

[2]) Der Islam ist in dem der Boma angegliederten Händlerdorf Singidda stark vertreten. Vor zwei Jahren ist dort sogar eine Moschee errichtet worden, aber von einem Vordringen des Islam, einer allgemeinen Verbreitung unter den Wanyaturu kann keine Rede sein. Der Niederlassung der Weissen Väter in Ost-Turu, der einzigen christlichen Missionsanstalt in Turu, wurde bereits Erwähnung getan. Nach dreijähriger Tätigkeit besitzen die Weissen Väter noch nicht einen einzigen Turu-Zögling.

Durch die ständig inniger werdende Berührung mit Wasuaheli, Indern, Arabern, Griechen und Europäern büsst jedoch namentlich natürlich das junge Geschlecht tagtäglich von der überlieferten Eigenart ein. Ebenso hartnäckig, wie sich die Alten gegen alles Neue wehren und abschliessen, ebenso begierig nehmen die Jungen es auf. Mit einer seltsam anmutenden Konsequenz machen sie sogar nicht erst auf halbem Wege halt, sondern versuchen emsig, es der herrschenden Rasse, den Europäern, in Kleidung und Lebensart gleich zu tun. So kommt es zu höchst seltsamen Kontrasten. Morgens in der Frühe reicht einem ein jugendlicher Jumbe [1] in sorgfältig gebügeltem Kakhi- oder weissem Anzug, in Stiefel und Wickelgamaschen, umgeben von seinem vielfach gleichfalls europäisch gekleideten Gefolge die Hand zum Abschied und wenige Stunden darauf begegnen einem splitternackte Turu-Männer, die in Adamskostüm vor ihrer Tembe stehen und die Karawane missmutig mit ihren Blicken verfolgen oder sie zutraulich mit einem freundlichen *ắmụ̄tχ́ă* begrüssen. [2]

Es würde über den Rahmen eines vorläufigen Berichts hinausgehen, wollte man versuchen, an dieser Stelle eine erschöpfende Darstellung dessen zu geben, was wir von den Wanyaturu erkundet haben; nur einige wenige charakteristische Züge können hier hervorgehoben werden.

Betrachtet man zunächst den Körperbau der Wanyaturu, so fällt der hohe Prozentsatz von Typen auf, die sich auf den ersten Blick scharf vom Negertyp unterscheiden. Die Männer sind durchweg 1,75 bis 1,90 m hohe, schlanke Gestalten mit langen, dünnen Gliedmassen. Der Kopf ist meist ein ausgesprochener Langkopf, die Gesichtsbildung vielfach kaukasisch: schmale Lippen und schmale, häufig konvex gekrümmte Nase. Die Frauen dagegen sind auffallend klein, meist nur 1,50 bis 1,55 m gross. Sie zeigen hier und dort gleichfalls eine auffallend nicht negerhafte, fast an Indianer erinnernde Gesichtsbildung, aber im Gegensatz zu den Männern sind die nicht negerhaften Typen bei ihnen bedeutend in der Minderheit; der Durchschnitt kennzeichnet sich durch kleine gedrungene Gestalt,

---

[1] Die Wanyaturu haben im Juli—August 1908 einen Aufstand versucht, der jedoch im Keime erstickt wurde. Eine grosse Zahl aufständischer Jumben wurde daher mit dem Tode, mit Verbannung oder mehreren Jahren Kette bestraft, sodass gegenwärtig meist jugendliche Jumben die Herrschaft führen.

[2] Der Gruss der Wanyaturu lautet: *ắmụ̄tχ́ă*, Antwort *ăyắ*. In der Schreibweise aller Turu-Wörter habe ich mich nach Möglichkeit an die von *Meinhof* vorgeschlagene Orthographie gehalten.

wulstige Lippen und breite Nase. Die Hautfarbe variiert bei beiden Geschlechtern zwischen lichtem Rötlich-gelbbraun und tiefem Schwarzbraun. — Durch Ausgrabung einer grösseren Zahl vollständiger Skelette, durch eine Reihe anthropometrischer Messungen und eine umfangreiche Serie photographischer Aufnahmen nach den von *Mollison*[1]) gegebenen Vorschriften dürfte es später wohl möglich sein, den anthropologischen Charakter der Wanyaturu mit leidlicher Genauigkeit festzustellen und die Frage zu entscheiden, ob es sich bei den Wanyaturu um eine einheitliche Rasse oder möglicherweise um eine Vermischung der Negerrasse mit einer aus Nordost-Afrika stammenden Rasse handelt.

Die Wohnstätten der Wanyaturu sind etwa brusthohe, zu ebener Erde gelegene oder fusstief versenkte Temben, die allseitig von einer ca. 2 m hohen Euphorbienhecke (*mănyắā*) umgeben sind. Ein 2 bis 3 m breiter, mit Euphorbien eingefasster Weg (*ị̄phắndă*) führt von dem Tembenhof durch die konzentrisch zur Tembe angelegten Getreidefelder hinaus auf die Weide, die sich hier grösser, dort kleiner, bis zu den Feldern der nächsten Tembe hinzieht.

Ackerbau und Viehzucht halten sich in Turu leidlich das Gleichgewicht. Der Hackbau[2]) auf verschiedene Hirsearten[3]) liefert das für den Mehlbrei (*ụ̄rắị̄*) und das in grossen Mengen genossene Bier (*tụ̄ị̄*) notwendige Getreide, die Haustiere[4]), Rinder, Ziegen, Schafe und Hühner versehen den Haushalt mit Butter, Milch, Eiern und Fleisch. Wenn auch der Mnyaturu den Ackerbau gewiss mit einiger Sorgfalt betreibt und durch künstliche Düngung recht ansehnliche Ernteresultate erzielt, so ist sein Herz doch in weit höherem Masse bei seinem Vieh. Mit grosser Liebe hängt er an seinen Herden, die seinen ganzen Stolz und Reichtum ausmachen. Nur bei besonderen, durch die Tradition vorgeschriebenen Gelegenheiten, wie Geburt, Beschneidung,

---

1) Dr. *Th. Mollison:* Die Verwendung der Photographie für die Messung der Körperproportionen des Menschen. Archiv für Anthropologie. N. F. Bd. IX, Heft 3 und 4, 1910.

2) Hölzerne Hacken, wie sie früher allgemein im Gebrauch waren, verschwinden gegenwärtig mehr und mehr. Ich konnte nur noch zwei derartige Holzhacken (*ănānkụ̄djụ̆*) erwerben.

3) Bei weitem überwiegend wird Kolbenhirse (*ūvẹ́*, pl. *măvẹ́*) angebaut; ausserdem *lāngị̄lāngă*, *ụ̄phẹ́mbă*, *ụ̄kọ̄yị̄* u. a. m.

4) Die Namen der Haustiere sind: Rind = sing.-plur. *ngọ̆mbẹ*, Ziege = *mbụ̄lị*, pl. *măbụ́lị*, Schaf = *'ō* pl. *maχ'ō*, Huhn = *khụ̆khụ̄*, pl. *măkhụ̆khụ̄*. Eselzucht bürgert sich erst jetzt mehr und mehr ein. Esel = *ṅdọ̄rwe* pl. *mădọ̄rwẹ*.

Tod usw. bekommt er es übers Herz, ein Tier zu schlachten. Den grössten Teil des Jahres dagegen lebt er und seine Familie von Mehlbrei und Milch, zur Zeit einer Hungersnot von Rinderblut, das frisch gezapft oder geronnen und mit Salz und Butter vermengt genossen wird. — Sein Vieh zu verkaufen, gilt in den Augen der Wanyaturu vollends als das Äusserste. Selbst wenn die Herde mehrere hundert Stück umfasst[1]), lässt sich der Mnyaturu schwerlich dazu herbei, dieses oder jenes Stück zu verkaufen, es sei denn, dass seine Frauen — je nach dem Vermögen zwei bis zehn — energisch einen neuen Perlenschmuck, ein neues Tuch oder ähnliche Kostbarkeiten verlangen.

Schauen wir uns jetzt einmal etwas näher in einer der meist hufeisenförmig gebauten Wanyaturu-Temben um. Nach einem Blick in den für das Jungvieh bestimmten Raum (*mūăngọ̄*) — das Altvieh übernachtet im Tembenhof — betreten wir das Gemach (*mbắ*) einer der Frauen[2]). Niedrig, dunkel und mit einem kaum erträglichen Qualm erfüllt, macht der Raum einen wenig einladenden Eindruck. Einige Herdsteine, mehrere Tontöpfe, ein Stein zum Reiben des Getreides (*ị́gwe̱ rọ̄́sị̄ă*), ein grosser lederner Behälter für das Vorratsmehl bezw. Getreide (*ĭ̱sẹ́ngwă*) und ein grosses Pfahlbett (*ụ̄lí*[3]) machen die ganze Einrichtung aus. Auch das Gemach des Tembenbesitzers bietet im wesentlichen dasselbe Bild. Neben dem riesigen Pfahlbett erblicken wir hier einen aus Ruten gefertigten Bettsc̣hirm (*rụ́lị wẹ́phọ̄phă*), der nach dem Eingang hin gegen den hereinblasenden Wind schützt. In der Nähe des Bettes, auf dem Boden liegend oder über zwei gegabelte Holzstangen gebreitet, finden wir die Waffen des Mnyaturu, zwei verschieden geformte grosse Schilde aus Giraffenhaut (*gọ́ră ă wị̄χọ́mị̄* bezw. *gọ́ră a gị̄daudjẹ́ră*), Stockschild (*gọ̄ră a ụ̄χụ̈́ī*), Speer (*mukhoha*, pl. *nụ̄khọ́hă*), Bogen (*ụ́rṯa*) und Pfeil (*mụ́yị̄*, pl. *mí́yị̄*) und die Universalwaffe der Wanyaturu, den Keulenknüppel (***mwāngă***). An der Schmalseite des Bettes endlich

[1]) Die meisten Wanyaturu besitzen zwischen 20 und 100 Rinder, ebensoviel Ziegen und Schafe. Der reichste Mann, den wir trafen, besitzt jedoch mehrere tausend Stück Rindvieh (ca. 5000). Da er selbst sie natürlich nicht alle allein bewirtschaften kann, hat er sie zum Teil in Gruppen von 20—50 an minder bemittelte Landsleute in Pension gegeben. Die pflegende Familie darf Milch und Butter unentgeltlich behalten, muss jedoch für Instandhaltung und möglichst kräftige Vermehrung des ihr anvertrauten Viehs Sorge tragen.

[2]) Jede Frau besitzt ihren eigenen Raum, in dem sie mit ihren Kindern wohnt und schläft.

[3]) Bei uli liegt der Ton auf dem i.

schwelt ein kleines Feuer, das der Mnyaturu tagsüber zum Anzünden seiner Wasserpfeife benötigt — alle Wanyaturu sind leidenschaftliche Raucher — und an dem er sich nachts auf dem Bett liegend die Füsse wärmt[1]). Vergeblich halten wir in dem meist recht sauberen Tembeninneren Umschau nach Flechtarbeiten, Holzschnitzerei oder dergleichen; all dies fehlt: nüchtern, kahl und ärmlich wie die Natur des Landes ist das Leben und die Kultur des Volkes.

Das Familienleben der Wanyaturu ist einfach, entbehrt aber keineswegs einer gewissen Herzlichkeit. Wie bei allen polygam lebenden Völkern besitzt auch in Turu die Frau nur eine untergeordnete Stellung. Sie gehört zum Besitz des Mannes etwa wie seine Herden, wird gehegt und gepflegt wie die besten Rinder der Herde und erhält wie diese ihr Gnadenbrot, wenn sie ihren Zweck, Kinder zu gebären, erfüllt hat. Dass sie ihre Stellung nicht im mindesten als schmachvoll empfindet, versteht sich von selbst; sie kennt ja keine andere Stellung der Frau. Überdies behandelt sie der Mann keineswegs nur als Arbeitstier, wie es bei anderen Stämmen der Fall ist. Bei der Feldarbeit greift er selbst tüchtig mit zu, und wenn es irgend eine Gelegenheit gibt, wie z. B. bei unserer Karawane, etwas neues zu sehen oder zu hören (Photographie, Phonograph etc.), so wird er nicht versäumen, seine Frauen herbeizuholen und sie an dieser Freude teilnehmen zu lassen. Bei wichtigen Entschlüssen, z. B. der Verheiratung eines Mädchens oder ähnlichem, wird sogar häufig die Mutter um ihren Rat gefragt. Alles dies und heimlich belauschte Familienidylle endlich, wo der Mann bei einer seiner Frauen weilt, seine Kinder abwechselnd in die Höhe hebt und küsst, zeigen zur Genüge, dass das Familienleben der Turuleute doch nicht so herzlos und kalt ist, wie es leicht auf den ersten Blick scheint.

Fühlt eine Turu-Frau ihre Niederkunft herannahen, so bittet sie einige alte Frauen, vor allem ihre eigene Mutter zu sich. Auf dem Bettrand sitzend, gebiert sie alsdann, nur von den Frauen umgeben. Kein Mann, nicht einmal der eigene, darf in dieser Zeit und innerhalb der ersten zwei Monate nach der Geburt das Zimmer der

---

[1]) In einigen Temben zeigte man mir eine in der Nähe des Bettes aufgestellte „Badewanne“, d. h. einen Stein, auf den der Mann alle 8—14 Tage (?) steigt, um sich dann von seiner Lieblings-Bibi begiessen zu lassen. Wenn aus irgend einem Grunde das Bad mehrere Wochen unmöglich gewesen sei, „ginge, wie mir die Tembenbesitzer übereinstimmend erklärten, dem Übergiessen mit reinem Wasser eine Waschung mit dem eigenen Urin voraus, der Schweiss und Staub vorzüglich lösen soll.

Wöchnerin betreten. Das Neugeborene wird von der Grossmutter in heissem Wasser gebadet, mit der Hand abgerieben, in Felle gehüllt und am Eingang dem hier die Botschaft erwartenden jungen Vater gezeigt. Ist es ein gesundes, kräftiges Kind, so herrscht grosse Freude [1]). Der Vater schlachtet sofort eine Ziege, die er zur Hälfte mit seinen gleichfalls am Eingang kauernden Verwandten verzehrt, zur anderen Hälfte den Frauen zur Herstellung von Fleischbrühe für die junge Mutter hineinschickt. Handelt es sich um eine Missgeburt, so fällt natürlich jegliche Feier fort. Das missgestaltete Baby wird lebendig im Tembenhof oder auf dem Felde verscharrt. — Sache des Mannes ist es nun, in den ersten Wochen nach der Geburt Holz, Wasser, Mehl usw. herbeizuschaffen und am Eingang die Wünsche der Wöchnerin entgegenzunehmen. Nach Ablauf von zwei Monaten ist die junge Mutter vollständig wieder hergestellt und die kritischste Zeit für das junge Wesen vorüber. Nun erst geht man an eine eigentliche Feier, die etwa mit der Tauffestlichkeit in der christlichen Familie zu vergleichen ist. Der Mann schlachtet mehrere Ziegen und Schafe, die junge Mutter kocht Pombe, und im Beisein zahlreicher Verwandten wird das junge Menschenkind in die Familie des Vaters aufgenommen und erhält jetzt einen Namen. Man pflegt einem Knaben den Namen seines Grossvaters väterlicherseits, einem Mädchen den ihrer Grossmutter mütterlicherseits zu geben, jedoch sind Ausnahmen gestattet und nicht eben selten [2]).

In den folgenden Monaten trägt nun die Mutter ihr Kind in einem vielfach perlengeschmückten Tragfell [3]) auf dem Rücken mit sich herum. Mit 10—12 Monaten kann das kleine Wesen bereits stehen und gehen und nach überraschend kurzer Zeit bereits leidlich verständlich plappern. Im Alter von 3—4 Jahren trennen sich die Wege der beiden Geschlech-

---

[1]) Zwillinge sind nicht sonderlich gern gesehen, da die Mutter meist eine schwere Geburt aushalten müsse, und in der Regel höchstens eines der Kinder kräftig und gesund sei.

[2]) Es existieren Namen, die z. B. die Jahreszeit angeben, in der der betreffende geboren wurde. *Tắndū* = geboren, als der erste Regen fiel; *Mūṯinānkị̄* = während der Ernte geboren; *Mwắndjắ* = in der Trockenzeit geboren. Fällt die Geburt mit besonderen Ereignissen zusammen, so wird auch dies in der Namensgebung ausgedrückt, z. B. *Mūrẹ́nị̄* = zur Zeit der Ankunft eines Fremden geboren; *Idjẹ́ngọ* = geboren, als der Mann gerade vom Holzmachen heimkehrte (*ị̄djẹ́ngō* = die Stange).

[3]) Wenn irgend möglich verwendet man hierzu das Fell derjenigen Ziege, die sofort nach Verkündung der Geburt geschlachtet wurde.

ter, und nur die gemeinsamen „Tanzstunden“ bringen Mädchen und Jungen öfters zusammen. Das kleine Mädchen erhält mit etwa drei Jahren den ersten kleinen Lederschurz[1]) und wird von der Mutter nach und nach in alle häuslichen Aufgaben eingeführt. Ich sah Mädchen, die sicherlich nicht älter waren als ca. 4 Jahre, bereits am Getreide-Reibstein arbeiten und kaum Sechsjährige beim Stampfen der Kolbenhirse. Die Jungen dagegen folgen, bis ca. 13—14 Jahren und meist noch darüber hinaus völlig unbekleidet, den älteren Knaben auf die Weide, werden in die Künste des Viehhütens eingeführt, lernen Pfeil und Bogen herstellen[2]) und gebrauchen, später auch Schild und Speer führen. Frei und ungebunden leben sie vergnügt in den Tag hinein und wachsen, stets in frischer Luft Wind und Wetter ausgesetzt, zu strammen Burschen heran. Im Alter von 14 bis 15 Jahren erfolgt dann die Beschneidung, die die jungen Leute zu Männern macht und ihnen das Recht gibt, einen eigenen Hausstand zu gründen.[3])

Für das Mädchen beginnt das Eheleben bereits sehr viel früher. Im Alter von 7—8 Jahren beschnitten, wird das junge Turu-Mädchen in der Regel bereits mit etwa 9—10 Jahren verheiratet. Nachdem die Werbung eines Turu-Mannes angenommen[4]) und der aus ca. 2 bis 6 Rindern und ebenso viel Ziegen bestehende Brautpreis hinterlegt worden ist, erscheinen die weiblichen Verwandten des Bräutigams und geleiten das junge Mädchen zur Tembe seines nunmehrigen Gemahls. Sang- und klanglos hält es hier seinen Einzug, bekommt

---

[1]) Der erste Lederschurz ist etwa handbreit und etwa 20—30 cm lang; er bedeckt nur eben die Genitalien. Mit ca. 5—6 Jahren wird dieser erste Schurz durch einen grösseren ersetzt und ausserdem ein zweiter Schurz umgelegt, der das Gesäss bedeckt und noch ein wenig über den Genital-Schurz hinübergreift, ohne indes die Bewegungsfreiheit der Beine zu hindern. Als Frau trägt die Mnyaturu-Bibi schliesslich noch einen dritten Lederschurz, der über eine Schulter geknotet den Rücken oder bei schlechtem Wetter die Brust bedeckt.

[2]) Die Knaben schnitzen noch heute vielfach Pfeilspitzen aus sehr hartem Holz. Früher führten auch die Männer ausschliesslich Pfeile mit Holzspitzen; ich konnte in verschiedenen Temben derartige Pfeile erwerben.

[3]) In der Praxis können die jungen Leute jedoch erst im Alter von 18—20 Jahren heiraten, da sie sich zuvor das für den Brautpreis notwendige Vieh verdienen müssen.

[4]) Verwandtenehen jeder Art sind verboten. Zur Verhütung von Inzucht wird sogar gern gesehen, dass sich der junge Mann um ein nicht aus der unmittelbaren Nachbarschaft stammendes Mädchen bewirbt.

ihren Raum angewiesen und ist damit dem Besitz des Mannes einverleibt. Hin und wieder schläft das Kindweib bereits mit ihrem Gemahl zusammen, jedoch ist geschlechtlicher Verkehr vor Eintritt der mit etwa 11—12 Jahren erfolgenden Reife verpönt.

Bleibt eine Frau unfruchtbar oder missfällt sie dem Manne aus irgend welchen anderen Gründen, so kann er jederzeit die Scheidung aussprechen und seinen Brautpreis zurückverlangen.[1]) Die Frau ihrerseits kann die Scheidung nur dadurch bewirken, dass sie ihren Vater bittet, den Brautpreis zurückzugeben, wozu sich die schlauen Alten jedoch nur ausnahmsweise bereit erklären.

Hält der Tod seinen Einzug in einer Turu-Familie, so wird zunächst auf der Stelle eines der alten Rinder getötet, die, eigens für diesen Zweck auserkoren, Jahre lang gepflegt werden. In das noch blutige Fell des Tieres wird der Leichnam eingehüllt und dann, wie auf dem *ụlị̄* [2]) (Pfahlbett) schlafend, mit angezogenen Knieen seitlich liegend in eine ca. 1—1½ m tiefe Grube im Tembenhof gebettet. Ein grosser Stein deutet die Begräbnisstelle an, denjenigen Platz, wo man hin und wieder Mehlbrei und Bier für den Toten aufstellt. Denn die Toten leben in einem von allen Übeln befreiten Körper in der Tiefe der Erde weiter und steigen gelegentlich nachts empor, um ihre Angehörigen zu besuchen (Beweis der Traum!) und sich an den Köstlichkeiten des irdischen Lebens zu erquicken.

Das Abzeichen der Trauer ist kurz rasiertes Haar und eine aus Grashalmen geflochtene Schnur, die man einen Monat hindurch um den Kopf gebunden trägt. Weiber und Kinder legen ausserdem während dieser einmonatigen Trauerzeit alle weissen Perlenketten ab und beschränken sich bei den dunkelen auf einige wenige.

Die Witwe eines Turu-Mannes geht ohne weiteres in den Besitz des Bruders des Verstorbenen über; nur gegen Rückgabe des von dem Verstorbenen gezahlten Brautpreises an dessen Bruder kann sie sich von dieser Verpflichtung loskaufen. — Ist die Frau gestorben, so hat der Witwer Anrecht auf eine ledige Tochter seines Schwiegervaters. Hat sich der Witwer gegen den Schwiegervater besonders lieb benommen, so wird ihm dieser eventl. mehrere seiner ledigen Töchter unentgeltlich als Ersatz für die Verstorbene zuweisen. Es sind mir sogar einige Fälle bekannt geworden, wo die Liebe des

---

[1]) Sind der Ehe vor der Scheidung bereits Kinder entsprossen, so kehren diese mit der Mutter zu deren Vater zurück, und der Mann erhält nur die Hälfte seines Brautpreises zurück.

[2]) Der Ton liegt auf dem i.

Schwiegervaters zu seinem Schwiegersohn so gross war, dass er ausserdem noch eine oder mehrere seiner bereits verheirateten Töchter durch Rückgabe des Brautpreises freikaufte und sie dem verwitweten Schwiegersohn schenkte.

Bei dem oben skizzierten Charakter des Turuvolkes versteht es sich von selbst, dass von einer geordneten Rechtspflege bei ihnen keine Rede sein kann. Jede Autorität ist ihnen ein Dorn im Auge. Selbsthilfe und Blutrache bildeten daher und bilden in einiger Entfernung von der Boma teilweise noch heute die Grundzüge im Rechtsleben der Wanyaturu. Wenn man gegenwärtig die grosse Zahl der Erb- und Grenzstreitigkeiten betrachtet, die der Boma zur Entscheidung unterbreitet werden, und erfährt, dass jede einzelne dieser Streitsachen früher zu blutigen Familienfehden und fortgesetzter Blutrache führte, so erhält man hieraus ein ungefähres Bild von dem ursprünglichen Rechtsleben der Wanyaturu, dem erst die deutsche Verwaltung den Garaus gemacht hat und noch gegenwärtig macht.

Das religiöse Empfinden der Wanyaturu scheint nach dem wenigen, was wir hierüber zu erkunden vermochten, nicht stark ausgebildet zu sein. Ihr ganzer Charakter, der nüchterne, auf das reale gerichtete Sinn, bringt es mit sich, dass sie sich mit dem Leben nach dem Tode oder ähnlichen religiösen Problemen wenig abgeben und eigentlich nur in Fällen der Not die Existenz übermenschlicher Wesen spüren. Sie glauben an einen allmächtigen Gott, der die Menschen belohnt und bestraft, ihnen Regen und gute Ernte, aber auch Trockenheit, Hungersnot und Seuchen sendet. Seine Güte und Gnade erfleht man durch die Vermittlung grosser Zauberer, die ihm Rinder und Bier opfern und seinen Willen verkünden. Dass die Menschen nach dem Glauben der Wanyaturu nach dem Tode fortleben, hörten wir bereits. Ihr Geist ist den Lebenden im allgemeinen freundlich gesinnt; nur bei ganz plötzlichen, unerklärlichen Todesfällen glaubt man an die Einwirkung eines bösen Geistes.

Hinsichtlich der materiellen Kultur sind die Wanyaturu wohl infolge der durch die geographische Lage und Beschaffenheit ihres Landes bedingten Abgeschlossenheit auf einer relativ niedrigen Stufe stehen geblieben. Holzschnitzerei, Flechterei, Weberei u. a. m. sind, wie wir sahen, in Turu unbekannte Dinge. Die Töpferei wird ausschliesslich von Frauen betrieben; aber die Fertigkeit dieser weiblichen Fundis [1]) ist so gering, dass die Wanyaturu alle grösseren Töpfe

[1]) Handwerker.

gegen Salz, Getreide oder Vieh bei ihren westlichen Nachbarn eintauschen. Die Metalltechnik ist offenbar erst in verhältnismässig junger Vergangenheit nach Turu gelangt. Die Gewinnung von Rohmaterial aus eisenhaltigen Erden ist völlig unbekannt. Der Schmied (*mṳ̆nthṳ̄ ọ̄gṳ̆tyă̂nă*) beschränkt sich darauf, Messer-, Pfeil- und Speerspitzen, Schmucksachen, Kuhglocken etc. aus unbrauchbar gewordenen importierten Eisenhacken oder dem von den Indern und Arabern eingeführten Messing- und Kupferdraht herzustellen. Sein Blasebalg ist ein typisches Schlauchgebläse (*mọ̄ṳ̆lă*, pl. *mẹ̄ṳ̆lă*); es besteht aus den beiden aus Kalb- oder Ziegenhaut verfertigten Säcken (*mṳ̆ră* = Lunge), dem gabelförmigen, durchbohrten hölzernen Ansatzstück (*pọ̄ră ă mṳ̆ră* = Nase der Lunge) und dem in das Feuer zu steckenden Odóngo-Mundstück (*ndṳ̆́* = Atem). Die grosse Zahl der noch jetzt im Gebrauch befindlichen hölzernen Werkzeuge und Waffen: Hacken, Säestock, hölzerne Pfeilspitzen u. a. m. scheint darauf hinzudeuten, dass der Übergang von der Holz- zur Metallzeit bei den Wanyaturu noch nicht allzuweit zurückliegt bezw. sich noch in der Gegenwart vollzieht. — Steinere Geräte oder Waffen wurden nicht angetroffen.

Am weitesten ist die Handfertigkeit der Wanyaturu in der Bearbeitung der Rinder- und Ziegenhäute gediehen. Durch einen umständlichen Gerbprozess, bei dem menschlicher Urin und Kuhmist eine Hauptrolle spielen, erzielen die Wanyaturu ein sehr schön weiches, schmiegsames Leder. Aber leider ist ihnen keine einzige Färbungsmethode bekannt. Sie versuchen zwar, einen gelben Ton durch Einreiben mit einer ungemein häufigen gelben Feldblume (*phăngwe*) zu erreichen, aber diese „Färbung" hält nicht länger als 8—10 Tage an.

Über die Bedeutung des Turulandes für die Kolonialwirtschaft können an dieser Stelle naturgemäss nur einige wenige leitende Gesichtspunkte mitgeteilt werden. Turu ist ein fast malariafreies, kühles Hochland, dessen klimatische Bedingungen dem Europäer zweifellos sehr zuträglich sind.[1]) Der Boden ist ein anscheinend mindestens mittelwertiger sandig-lehmiger Granitboden, in dem neben sämtlichen Getreidearten der Eingeborenen europäische Gemüse, wie das Beispiel des Boma-Gartens in Singidda zeigt, gut gedeihen. Der mangelnden

[1]) Um auch an der klimatologischen Erforschung, soweit es auf einer Bereisung eines Landes möglich ist, mitzuarbeiten, führen wir Terminbeobachtungen aus (7 h. 2 h, 9 h). Ermittelt werden: Temperatur, Luftdruck, Luftfeuchtigkeit, Windrichtung und -stärke (halbe Beaufort-Skala), Bewölkung und Witterungscharakter. Notiert werden ferner: Extremtemperaturen, Gewitter (1. Donner und Richtung) und Wetterleuchten.

Feuchtigkeit in der Trockenzeit konnte bequem durch Stauweiher und Anlage artesischer Brunnen abgeholfen werden. Und da auf tsetsefreien Wegen in 3—4 Tagen die Stationen Saránda oder Manioni der Zentralbahn zu erreichen sind, so liesse sich ein Massentransport von Turu-Produkten etwa zur Küste ohne übermässige Kosten bewerkstelligen.

Allein die wirtschaftliche Zukunft des Landes hängt in erster Linie weniger von den Aussichten im Ackerbau ab, als von der Ausnutzung des enormen Viehreichtums der Wanyaturu und der Möglichkeit intensiver Viehzucht in dem tsetsefreien, an Weideland und Salzlecken überreichen Hochlande. Gegenwärtig liegt das in den grossen Herden angesammelte Kapital völlig brach. Die mit der deutschen Besitzergreifung erfolgte Beruhigung des ganzen Landes, der Schutz gegen die räuberischen Einfälle der Masai hat die Herden der Wanyaturu gewaltig anwachsen lassen. Aber leider verkaufen die Wanyaturu gegenwärtig, wie oben bereits ausgeführt, freiwillig so gut wie nichts, weil ihre Bedürfnisse — von einigen Ausnahmen abgesehen — selten über einige Amerikano-Lappen im Jahre im Werte von 2—3 Rupies hinausgehen. Die wirtschaftliche Aufgabe der Verwaltungsstation in Singidda wird also vornehmlich dahin lauten müssen, in der Turu-Bevölkerung Bedürfnisse zu erwecken, und sie auf diese Weise mittelbar zum Verkauf des Viehes heranzuziehen. Welche Wege zur Erreichung dieses Zieles einzuschlagen sind, wird ohne langjährige Erfahrung an Ort und Stelle schwer zu sagen sein. Unbedingt notwendig und ohne weiteres zu ertragen, wäre zunächst eine wesentliche Erhöhung der Kopfsteuer. Berücksichtigt man allein die grossen materiellen Vorteile, die die deutsche Verwaltung den Wanyaturu gebracht hat, so erscheint die Kopfsteuer in der bisherigen Höhe (3 Rupies für den erwachsenen Mann) unverhältnismässig gering. Um dies recht würdigen zu können, mag hier darauf hingewiesen sein, dass für das Fell — lediglich das Fell — eines mittelgrossen Rindes auf dem Markte von Singidda 3 bis 4 Rupies, für Ziegenfelle je $^1/_2$ bis 1 Rupie gezahlt werden! Eine drei bis fünf mal so hohe Kopfsteuer würde also den Wanyaturu allenfalls zwingen, jährlich ein Kalb zu verkaufen, und würde überdies unsere Einnahmen nicht unwesentlich erhöhen.

Eine andere Möglichkeit würde darin bestehen, einen jedes Jahr abwechselnden Teil der Männer der einzelnen Jumben zu zwingen, einige Monate im Jahr als Plantagenarbeiter an die Küste zu gehen. Man würde auf diese Weise der immer brennender werdenden Arbeiterfrage steuern helfen und in den Wanyaturu zu ihrem eigenen Heil und zum Nutzen unserer Kolonialwirtschaft Bedürfnisse erwecken, zu deren Befriedigung sie schliesslich mehr und mehr zum Verkauf ihres überflüssigen Viehes greifen müssten. Eine solche Massregel hört sich zunächst sehr hart an; aber mit Weichheit erreicht man weder ideelle noch reelle Werte, am wenigsten in Afrika. Und schliesslich verdanken wir unsere gute Schulbildung daheim, die stramme körperliche Erziehung als Soldat, unser geordnetes öffentliches Leben und vieles andere auch lediglich Gesetzen, die mit vollem Bewusstsein in die Rechte und Freiheiten des Individuums eingreifen.

Zu denken wäre schliesslich noch an eine Viehsteuer, die sich auf alle über den wirklichen Bedarf hinausgehenden Viehbestände erstrecken müsste, eine Art Luxussteuer also, denn bei einer grossen Anzahl von Wanyaturu ist der grosse Viehreichtum nichts anderes als Luxus.

Wenn durch eine der angeführten oder durch eine andere Massregel in einer Reihe von Jahren erreicht werden könnte, dass die Wanyaturu in ihrem Vieh nicht mehr blosse, kostbare Luxusgegenstände erblicken, sondern Wertobjekte, durch deren Veräusserung sie sich vielerlei Annehmlichkeiten verschaffen können, dann dürfte es an der Zeit sein, durch private oder amtliche Einrichtungen die Wanyaturu mit dem Wert einer wirklichen Züchtung des Viehs bekannt zu machen. Wenn sie dann sehen, dass man mit gutem Milch-, Mast- oder Zugvieh wesentlich höhere Gewinne erzielt als mit ihrem ungezüchteten Vieh, so werden sie, die sie für Viehpflege schon jetzt so viel Sinn haben, gewiss, wenn auch langsam, von diesen Zuchtanstalten Lehren annehmen und als fähige und fleissige Viehzüchter die kolonialwirtschaftliche Bedeutung des Turulandes zu ihrem eigenen Nutzen und dem von Kolonie und Heimat stetig heben.

Die weiteren Pläne der Expedition, die, wie bereits dargelegt, inzwischen das nur einen Tagemarsch von der Turugrenze entfernte nächste Standquartier Mkalama erreicht hat, zielen jetzt auf die Erforschung der in der Umgebung des Eyassi-Sees herumschweifenden sogen. Pygmäenvölker Wahi, Watindiga und Wanage. Auf einer orientierenden Vorexkursion nach der Wembäre-Steppe ist es bereits gelungen, eines Watindiga habhaft zu werden und Einzelheiten über die von seinen Landsleuten bevorzugten Örtlichkeiten zu erfahren. Von der Militärstation Mkalama aufs liebenswürdigste unterstützt, steht zu hoffen, dass in den folgenden Wochen die Lösung dieses alten Problems ostafrikanischer Völkerkunde gelingen wird.

Die Entwicklung des Exports in Togo und Kamerun

Von Dr. E. Kremer

Mit 7 Figuren im Text

Togo.

Der wirtschaftliche Aufschwung, den unsere Kolonien seit ihrer Erwerbung genommen haben, ist so bedeutend, dass den Geographen nicht weniger als den Volkswirtschaftler die Fragen interessieren müssen, wie ist dieser Aufschwung zu Stande gekommen, inwieweit beteiligten sich die natürlichen Hilfsquellen des Landes daran, welchen Veränderungen waren diese unterworfen, und in welchen geographischen Bedingungen hatten letztere ihre Ursache? Das Recht, die letzte Frage zu entscheiden, steht dem Geographen allein zu, denn sie erfordert eine genaue Kenntnis der drei Wirtschaftsfaktoren, der individuellen Gestaltung von Boden, Klima und Bewohnern.

Eine exakte Behandlung dieser Frage ist jedoch nur da möglich, wo wir zunächst einmal über den tatsächlichen Stand der wirtschaftlichen Entwicklung informiert sind, wo uns aber auch auf der anderen Seite die erforderlichen Angaben über die Beschaffenheit des Bodens, des Klimas und der Bewohner zur Verfügung stehen. Das ist in unseren Kolonien nur in beschränktem Masse der Fall, und darum sind auch die Resultate, die aus solch spärlichem Material, wie es in diesem Falle vorliegt, gewonnen werden, nicht annähernd mit dem Vertrauen aufzunehmen, wie die ähnlich gearteter Untersuchungen in besser bekannten Gebieten. Wenn trotz dieser wenig ermunternden Umstände nicht von der Behandlung dieser Frage Abstand genommen wurde, so geschah das lediglich aus dem Grunde, um, wenn auch auf dem Wege des Widerspruchs, das sicherlich noch vorhandene Material über den Gegenstand zu Tage zu fördern und weiterer Bearbeitung zugänglich zu machen.

Tabelle 1.

Exporttabelle von Togo.

Jahr	Wert	Jahr	Wert	Jahr	Wert
1892	2 411 500 ℳ.	1898	1 470 484 ℳ.	1904	3 551 358 ℳ.
1893	3 413 900 »	1899	2 582 701 »	1905	3 956 639 »
1894	2 894 300 »	1900	3 058 902 »	1906	4 199 336 »
1895	3 048 400 »	1901	3 690 550 »	1907	5 915 609 »
1896	1 651 417 »	1902	4 194 017 »	1908	6 893 324 »
1897	771 025 »	1903	3 616 061 »	1909	7 372 056 »

Überschauen wir die Zahlen der voraufgehenden Tabelle, so können wir fünf Perioden unterscheiden. Von 1892—93 steigt der Ausfuhrwert nicht unerheblich, von 1894—1898 geht er erst langsam, dann rapid herunter, um sich mit dem Jahre 1900 wieder zur alten Höhe emporzuschwingen. Der Aufschwung hält an bis zum Jahre 1902, und mit 1903 erfolgt ein erneuter Rückschlag, der bis 1906 währt. In den letzten Jahren ist ein energisches Wachsen der Exportziffern wieder wahrzunehmen.

Die Ursachen dieses Fluktuierens, die mit mehr oder minder grosser Genauigkeit alljährlich in den Denkschriften angeführt werden, zusammenzustellen, soll Gegenstand dieser Arbeit sein. Nun erwächst jedoch in der Zunahme der Exportzahlen unter dem Einfluss der Kolonisation für eine genaue Untersuchung eine nicht zu unterschätzende Schwierigkeit. Es ist aus eben diesem Grunde unmöglich, für solche Produkte, bei denen eine Zunahme stattgefunden hat, Mittelwerte zu bilden, während das beim Niederschlag, der sehr häufig als wichtiger Faktor der Produktion anzusehen ist, durchaus angängig ist.

Den Aufschwung ziffernmässig mit in Rechnung zu ziehen, erscheint aber bei der Dürftigkeit der Angaben über die Ausdehnung des Produktionsgebiets, den Stand der Verkehrswege in jedem Exportjahr, über die Verbesserung der Gewinnungsmethoden und noch viele andere Momente erzieherischer Natur fast unmöglich, würde auch im gegebenen Falle die Darstellung zu sehr komplizieren.

Wir müssen uns darum darauf beschränken, nur die retardierenden Momente in den engeren Betrachtungskreis einzuschliessen und von denen auch nur die wichtigsten.

Je nach Landesnatur und Charakter der Bewohner variieren diese. In einem Lande, dessen Bewohner friedliebend und an eine stetige Bestellung ihrer Felder gewohnt sind, eine Beschäftigung, in der sie auch nicht durch unruhige Nachbarn gestört werden, in dem aber die Niederschläge um einen schon an und für sich niedrigen Durchschnittswert unperiodisch schwanken oder schliesslich die Temperatur oder sonstige klimatische Verhältnisse der Vegetation verderblich werden können, werden klimatische Einflüsse meist als Ursachen für Rückgänge im Export verantwortlich zu machen sein. In einem Gebiete hingegen, in dem die Temperatur ständig hohe Werte behauptet, in dem ferner die Niederschläge so ausgiebig fallen, dass Schwankungen ohne grossen Einfluss auf die Bebauung sind, die Bewohner dagegen auf niedriger Kulturstufe stehen, sich gegenseitig oft befehden und die Ackerbau treibende Minorität in ihrer friedliebenden Beschäftigung stören, werden anthropogeographische Faktoren in erster Linie für die Menge der Produktion massgebend sein. Diesen Verhältnissen werden wir in Kamerun, jenen in Togo begegnen, in beiden Kolonien gilt jedoch das Gesagte nur mit Einschränkung.

Übersicht der wichtigsten

Jahr	Palmkerne		Palmöl		Mais	
	Menge in dz [1])	Wert in 1000 ℳ.	Menge in dz [2])	Wert in 1000 ℳ.	Menge in dz	Wert in 1000 ℳ.
1892	71 175	1513	18 079	751	—	—
1893	68 017	1465	33 644	1845	—	—
1894	81 746	1687	28 946	1089	—	—
1895	90 222	1653	29 017	1084	—	—
1896	63 204	1138	6 661	196	—	—
1897	24 983	428	3 458	85	419	1,1
1898	36 673	780	5 230	130	2 631	12
1899	58 185	1291	22 871	775	3 169	27
1900	63 301	1423	21 992	1015	2	0,01
1901	77 558	1798	29 976	1484	1 065	6,3
1902	94 434	1727	29 732	1031	7 078	37
1903	48 310	878	10 253	405	7 930	99
1904	56 585	992	9 390	367	6 596	39
1905	32 001	606	5 240	151	93 665	567
1906	34 341	681	4 691	181	77 026	434
1907	43 464	981	9 986	418	195 926	1199
1908	51 215	957	13 561	497	302 049	2031
1909	80 133	1635	27 799	912	134 897	979

[1]) dz = Doppelzentner.
[2]) Bis 1899 incl. in 100 l.

Produkte von Togo.

Tabelle 2.

Kautschuk		Baumwolle		Kakao		Copra	
Menge in dz	Wert in 1000 *M.*	Menge in dz	Wert in 1000 *M.*	Menge in dz	Wert in 1000 *M.*	Menge in dz	Wert in 1000 *M.*
367	144	—	—	—	—	—	—
286	99	—	—	—	—	—	—
306	116	—	—	—	—	—	—
875	306	—	—	—	—	8,5	0,18
826	298	—	—	—	—	7,5	0,37
661	245	—	—	—	—	5,5	0,13
873	421	—	—	—	—	32	0,80
682	366	—	—	—	—	185	2,6
989	521	—	—	0,3	0,04	141	2,8
637	264	—	—	0,5	0,07	72	1,7
719	367	145	—	2,3	0,16	71	1,6
934	640	321	37	8,7	1	59	1,1
1 052	713	1 082	50	106	9	77	1,3
1 152	1 002	1 339	89	131	10	141	3,2
1 340	1 161	1 935	165	286	22	281	7,5
1 638	1 095	2 812	231	522	51	284	11
1 471	587	4 192	366	827	69	629	19
1 468	969	5 107	417	1 336	94	1 190	34

Prüfen wir nun zunächst, inwieweit der Export der einzelnen Erzeugnisse in Togo vom Klima abhängig ist, so können wir uns wie bei den meisten Ländern, die unter dem Äquator oder in der Spannweite der beiden Wendekreise liegen, auf den Niederschlag beschränken. Zwar vermögen auch in den Tropen, speziell in den gebirgigen Teilen derselben, Nachtfröste der Vegetation gefährlich zu werden, aber von einer Bedeutung wie regional weit verbreitete Dürren werden sie nie.

Die Produkte Togos, die bis heute dem Werte nach die erste Stelle behauptet haben, sind die Erzeugnisse der Ölpalme, Palmkerne und Palmöl. Ihr Pflanzgebiet ist der Teil Südtogos, der auf den schmalen Küstenstreifen folgend sich bis zu einer von Ost nach West verlaufenden Linie erstreckt, die wir mit ziemlicher Genauigkeit von Tokpli am rechten Monu-Ufer bis Kewe oder Assahun an der Bahn Lome—Palime ziehen können. Unter den meteorologischen Stationen dieser Ölpalmzone wählen wir zunächst 3 — Noëpe, Solo und Tokpli — als für unsere Zwecke geeignet und genügend aus und vergleichen die unperiodischen Schwankungen ihrer Niederschläge mit den Schwankungen der Palmkern- und Palmölproduktion. Das Verfahren wird dadurch erleichtert, dass wir bei diesen Produkten, die im Laufe der letzten 18 Jahre keine bedeutende Zunahme erfahren haben, zur Bildung von Mittelwerten berechtigt sind.

Zu den genannten 3 Stationen fügen wir 3 schon länger beobachtende Küstenstationen — Lome, Kpeme und Sebe — hinzu, die zwar der Ölpalmregion nicht mehr angehören, von ihr aber nicht weit entfernt liegen.

Tabelle 3.

Jahressummen des Niederschlags in mm und in Prozenten des Mittels.

Jahr	Lome[1])		Kpeme		Sebe[2])		Noëpe		Solo		Tokpli		Mittel aus den 6 Stationen
	mm	%	mm	%	mm	%	mm	%	mm	%	mm	%	%
1901..	550	83	870	112	—	—	—	—	—	—	—	—	98
1902..	688	103	532	70	690	75	—	—	—	—	—	—	83
1903..	597	90	557	73	803	87	—	—	—	—	—	—	83
1904..	528	79	569	75	869	94	—	—	—	—	—	—	83
1905..	591	89	591	78	962	104	772	75	843	79	830	87	85
1906..	519	78	682	89	839	91	804	78	896	84	822	86	84
1907..	906	136	1139	150	1413	153	1155	112	1061	99	948	99	99
1908..	865	130	893	117	1087	118	1301	132	1334	124	895	94	124
1909..	754	112	1015	133	913	99	1122	109	1232	115	1285	134	115

[1]) Dem Mittel liegen auch Werte von 1892, 1893 und 1900 zu Grunde.

[2]) Dem Mittel liegen auch Werte von 1899 und 1900 zu Grunde.

In Tabelle 3 sind die Jahressummen des Niederschlags von 1901 bis 1909 in Millimetern und in Prozenten des Durchschnittswerts zusammengestellt. Schon aus diesen Zahlen geht, obwohl die Mittelwerte nicht aus der gleichen Anzahl von Jahren gebildet wurden, hervor, dass ausgesprochen trockene Jahre an allen Stationen gleichzeitig aufzutreten pflegen. Illustriert wird diese Tatsache durch die graphische Darstellung in Figur 1, wo unter den Kurven für Palmkern- und Palmölexport die des Niederschlags in Abweichungen vom Mittelwert für genannte Stationen gleichzeitig eingetragen sind.

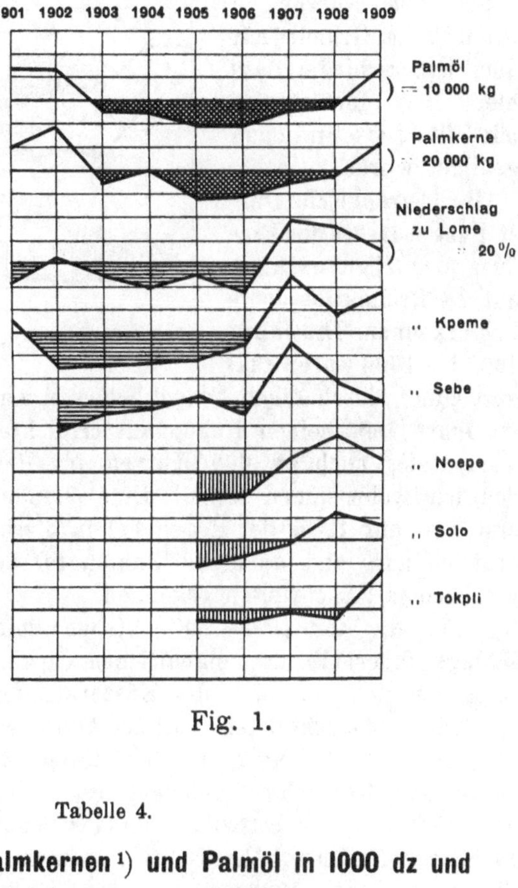

Fig. 1.

Tabelle 4.

Exportmengen von Palmkernen[1]) und Palmöl in 1000 dz und in Abweichungen vom Mittel.

	1901	1902	1903	1904	1905	1906	1907	1908	1909	Mittel
Palmkerne 1000 dz ...	78	94	48	57	32	34	43	51	80	57
Abweichung ...	+21	+37	÷9	0	÷25	÷23	÷14	÷6	+23	—
Palmöl 1000 dz	30	30	10	9	5	5	10	14	28	16
Abweichung ...	+14	+14	÷6	÷7	÷11	÷11	÷6	÷2	+12	—

[1]) Die Werte sind auf 1000 abgerundet.

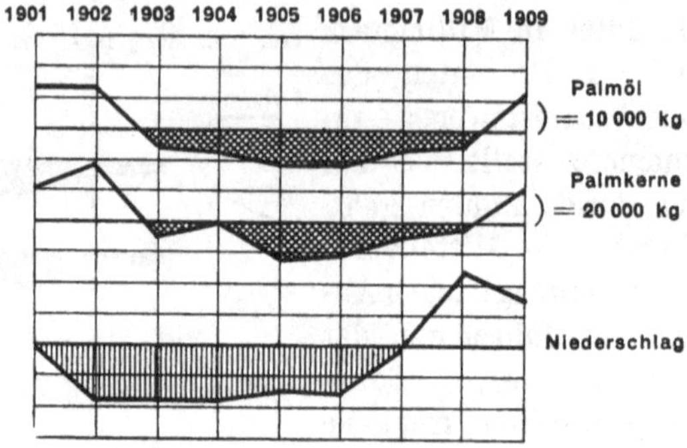

Fig. 2.

Die Prozentualwerte liegen den Kurven in Figur 2 zu Grunde mit dem Unterschiede, dass hier eine Idealstation mit Hilfe der 6 Stationen gebildet wurde.

Beide graphische Darstellungen lassen den Einfluss der Niederschläge auf die Produktion deutlich erkennen. Die Jahre 1901 bis 1906 waren ausgezeichnet durch einen bedenklichen Mangel an Niederschlägen, der im Jahre 1904 seinen Höhepunkt erreichte, und der sich mit einer Verspätung auch an den Kurven für Palmkern- und Palmölexport deutlich wahrnehmen lässt. Eine Wendung zum besseren brachte erst das Jahr 1907, der Regen fiel in diesem Jahre aussergewöhnlich ergiebig aus, und auch die Zahlen für den Produktenexport lassen ein leichtes Anschwellen erkennen.

Für die Zeit 1892—1901 stehen keine Messungen des Niederschlags innerhalb der eigentlichen Ölpalmregion zur Verfügung, ja selbst an den Stationen des Küstenstreifens sind in dieser Zeit nur spärliche Beobachtungen vorgenommen worden. Wir müssen uns also hier damit begnügen, aus diesen wenigen Beobachtungen zu Lome und Klein-Popo und aus den jährlich erscheinenden Denkschriften über die Entwickelung der Schutzgebiete ein Bild der tatsächlichen Regenverhältnisse zu gewinnen. Danach ergeben sich für die neun Jahre 1892 bis 1900 6 Normaljahre, die durch 3 Trockenjahre in gleiche Hälften getrennt sind. Bildlich dargestellt finden wir diese Tatsache in Figur 3 wieder, wo unter den Exportmengen der Palmkerne die Regenverhältnisse so wiedergegeben sind, dass schwarze Felder trockene Jahre, ein einfacher Horizontalstrich normale und nasse Jahre darstellen.

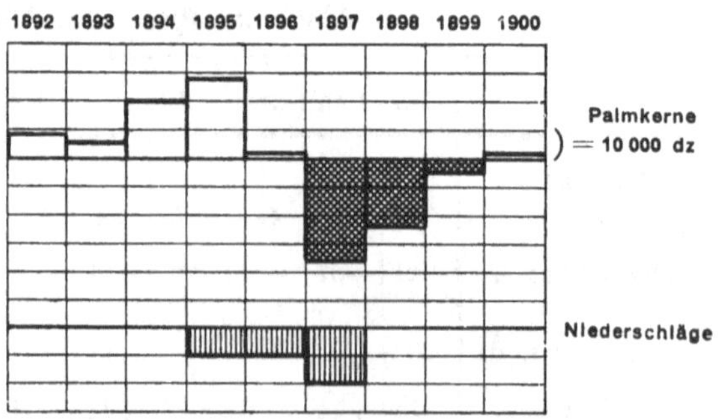

Fig. 3.

Das Jahr 1897 war weitaus das trockenste, wir treffen also die wirklichen Verhältnisse am besten, wenn wir hierfür das Feld verdoppeln, so dass also die Grösse der Felder der Index für die Intensität der Trockenheit ist. Auch hier ist der Zusammenhang von Produktion und Niederschlag sowie die Verspätung des Minimums an der Palmkernkurve deutlich wahrzunehmen. Palmkerne und Palmöl eignen sich darum zu einem Vergleich mit den Niederschlägen besonders, weil grosse Nässe der Ölpalme nichts schadet, während beispielsweise die Maisernten ebensowohl durch grosse Nässe wie durch grosse Trockenheit beeinträchtigt zu werden pflegen.

Schon aus diesem Grunde, vor allem aber wegen des enormen Aufschwungs, den der Anbau von Mais genommen hat, ist eine sorgfältige Untersuchung des tatsächlich weitgehenden Einflusses von Niederschlag auf Produktion ungemein schwierig, wenn nicht unmöglich. Eine graphische Darstellung in der Weise wie bei den Ölpalmprodukten würde wegen Mangels eines geeigneten Massstabs, der in sinnfälliger Weise das Fluktuieren des Exports zu Anfang und zu Ende wiedergibt, ihren Zweck verfehlen. Wir haben uns darum darauf beschränkt, in Tabellenform die Entwicklung der Maisausfuhr so darzustellen, dass auf der einen Seite jeder Fortschritt, auf der anderen Seite jeder Rückschlag samt den Motiven eingetragen ist (siehe Tab. 5).

Die eigentliche Maisausfuhr beginnt mit dem Jahre 1897 und erreicht im Jahre 1909 nach bedeutenden Schwankungen die Menge von 134 897 dz im Werte von 979 000 ℳ, sie hat zugenommen in den Jahren 1898, 1899, 1901, 1902, 1903, 1905, 1907, 1908, abgenommen in den Jahren 1900, 1904, 1906 und 1909, nicht in dem erwarteten Masse zugenommen im Jahre 1901. Vergleichen wir damit die Niederschlagsverhältnisse im Küstenstreifen, dem Hauptproduktionsgebiete des Mais. Im Jahre 1900 beobachteten von den drei erwähnten Küstenstationen nur Lome und Sebe. In Lome waren die Niederschläge ziemlich normal, zu Sebe dagegen im Laufe des Jahres 8 Monate zu trocken; die grosse Regenzeit, die vom April bis Juni währt, lieferte nur 75 % des 9-jährigen Durchschnitts. Die Trockenheit wirkte also in diesem Jahre zum mindesten im östlichen Küstenstrich hemmend auf die Produktion ein. Die Dürre des folgenden Jahres ist nur im Westen des Küstenstrichs zahlenmässig belegt. In diesem Jahre brachte die grosse Regenzeit zu Kpeme nur 53 %, zu Lome nur 44 % des vierjährigen Mittels. Zudem war die Verteilung der Regen recht ungünstig. Der Juni, an beiden Stationen der regenreichste Monat des Jahres, lieferte zu

Tabelle 5.

Übersicht über die Entwicklung des Maisexports.

1898	Steigen der Preise.	+			1898
1899	Steigen der Preise.	+			1899
1900			÷	Trockenheit zur Zeit der grossen Regenzeit im östlichen Küstenstrich. Sinken der Preise.	1900
1901	Jedoch Abnahme gegen 1899.	+		Trockenheit.	1901
1902		+			1902
1903		+			1903
1904			÷	Trockenheit.	1904
1905	**Günstige Niederschläge; Steigen der Preise in Europa; Eröffnung der Küstenbahn Lome—Anecho, der Strecke Lome—Noepe der Inlandbahn und des Wagenverkehrs auf dem Wege Lome—Atakpame.**	+			1905
1906			÷	Schwache kleine Regenzeit im Westen des Küstenstrichs. Sinken der Preise in Europa.	1906
1907	Steigen der Preise in Europa.	+			1907
1908	Steigen der Preise in Europa.	+			1908
1909			÷	**Sinken der Preise, Inanspruchnahme der Arbeitskräfte durch Bahnbau. Verminderung der Tragfähigkeit des Bodens durch zu starken Maisbau, Steigen der Preise für Ölpalmprodukte. Erleichterung ihrer Aufbereitung.**	1909

Kpeme nur 24 mm gegen einen Durchschnitt von 181 mm, zu Lome nur 34 mm gegen ein Mittel von 170 mm. Ob die Trockenheit in demselben Masse auch im östlichen Küstenstreifen herrschte, muss wegen Mangels an Beobachtungen dahingestellt bleiben, könnte aber durch Europäer, die sich zu der Zeit dort aufhielten, festgestellt werden. Auch den Rückgang der Maisausfuhr im Jahre 1904 müssen wir zum grossen Teil auf die Ungunst der Witterung zurückführen. Es ist das Jahr, in dem die Trockenperiode 1902 bis 1906 in unserem Gebiet wie wohl in ganz Südtogo ihren Höhepunkt erreichte, in dem zwar die grosse Regenzeit, von einer Verspätung im Westen abgesehen, ziemlich normal verlief, die kleine Regenzeit aber nur 23 %, zu Kpeme 16 %, zu Sebe gar nur 7 % des etwa 10-jährigen Durchschnitts brachte.

Im Jahre 1906 waren die Regenverhältnisse im westlichen Küstenstreifen zur kleinen Regenzeit ebenfalls anormal; letztere lieferte zu Lome und Kpeme 40 %, zu Sebe 65 % des Durchschnitts. Doch wirkte in diesem Jahre das Sinken der Preise auf dem Weltmarkte vielleicht noch ungünstiger ein, als der Mangel an Niederschlägen.

Im Jahre 1909 erfuhr der Maisexport eine Abnahme von 55 %. Schuld daran waren auch diesmal wieder z. T. widrige Regenverhältnisse; doch kamen andere ungünstige Momente hinzu. Der Boden war durch den Maisbau der letzten Jahre zu stark in Anspruch genommen worden, die Arbeiten an der Hinterlandbahn beschäftigten eine grosse Zahl von Leuten, die hier lohnendere Arbeit fanden, als in der Maiskultur, und schliesslich gestaltete sich die Palmölbereitung, nachdem moderne Maschinen eingeführt waren, leichter und angenehmer, als sie es vordem gewesen war.

Einen ähnlichen Aufschwung, wenn auch in viel kleinerem Massstabe hat der Copraexport erfahren. Auch hier ist wieder das Klima in erster Linie für die Rückschläge verantwortlich zu machen, die in den Jahren 1900, 1901, 1902, 1903 und 1904 erfolgten. Zur Verdeutlichung dieser Tatsache dient Fig. 4 in der unter den Exportmengen der Copra die Niederschläge zu Kpeme — Jahressummen in Prozenten — eingetragen sind, wobei aber alles, was über 100 % hinausging, im Interesse der Übersichtlichkeit und ohne Schädigung der Genauigkeit vernachlässigt wurde.

Kpeme liegt inmitten des Hauptpflanzungsgebiets der Kokospalme, ist selbst Sitz der bedeutendsten Kokosplantage und somit zu einem Vergleich von Niederschlag und Export besonders geeignet. Nur im Jahre 1901 widersprechen sich scheinbar die Tatsachen aber

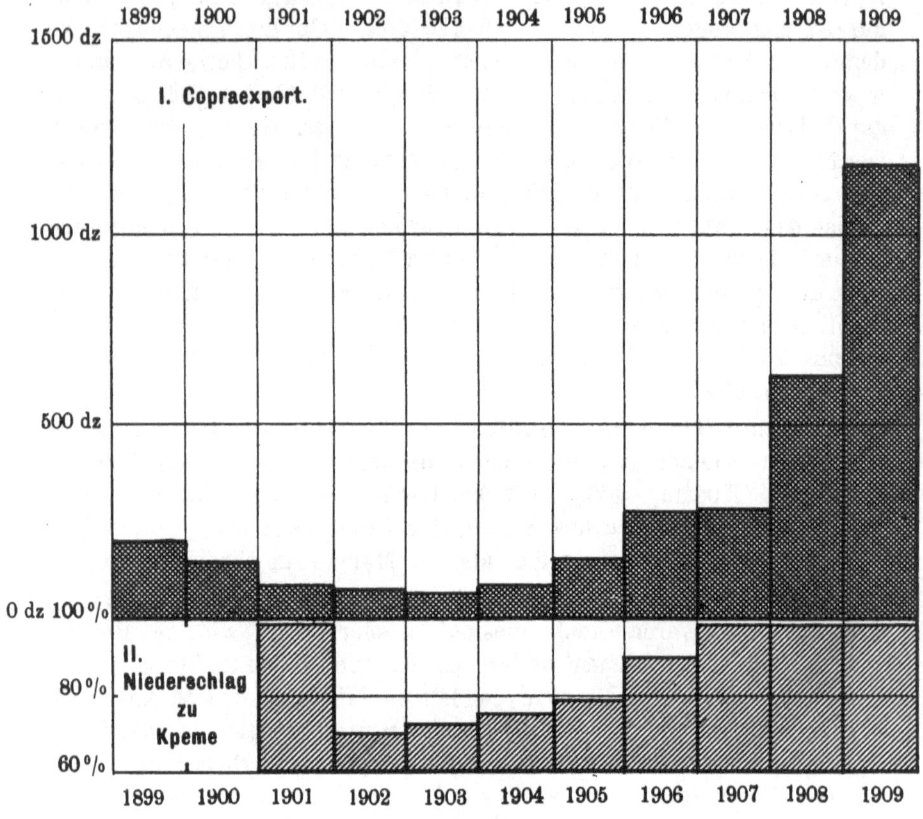

Fig. 4.

nur scheinbar, denn wenn auch die Jahresmenge den Mittelwert überstieg, so war doch die Verteilung ausserordentlich ungünstig, wie bereits bei Erörterung der Maisexport-Tabelle hervorgehoben wurde. Die von April bis Juni währende grosse Regenzeit lieferte hier nur 53 % des 9-jährigen Mittels, zu Lome nur 44 %. Dabei war der Hauptregenmonat — der Juni — ausserordentlich trocken. Ausser Dürren reduzierten massenhaft auftretende Schädlinge den Ernteertrag, vor allem in den Jahren 1901, 1902 und 1903.

Copra ist überhaupt dasjenige von den sieben wichtigsten zum Export gelangenden Erzeugnissen Togos, dessen Quantität am meisten durch das Auftreten von Schädlingen bestimmt wird. Abgesehen von weniger gefährlichen tierischen Schädlingen waren es vor allem Nashornkäfer und Schildläuse, die unter den Kokosbeständen in den Jahren 1901 bis 1903 aufräumten.

Die Baumwollproduktion hat sich unter der sorgsamen Pflege des Gouvernements in hervorragender Weise entwickelt. Noch zu Beginn des vorigen Jahrzehnts war der Export von Rohbaumwolle minimal; im Baumwolljahr 1909/10 hatte er die stattliche Höhe von 459 997 kg erreicht.

Die Zahlen für die Gesamtproduktion steigen bis zum Jahre 1908/09 energisch an, aber im darauffolgenden Jahre erfolgt ein bedeutender Rückschlag. Die Tatsache, dass auch in den benachbarten Gebieten, in Lagos, Dahomey, Nord- und Süd-Nigerien die Ernte erheblich zurückgegangen ist, legt die Vermutung nahe, dass die Ursachen klimatischer Natur waren. Der Rückgang machte sich in allen Bezirken bemerkbar; am intensivsten in Atakpame.

Baumwollexport.

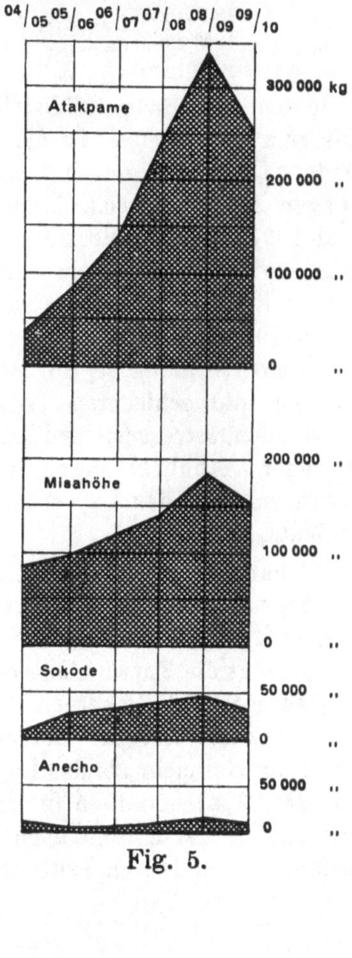

Fig. 5.

Tabelle 6.

Übersicht über den Baumwollexport von Togo in kg.

Baumwolljahr	Atakpame	Misahöhe	Sokode	Anecho	Lome	Sansane Mangu	Kete-Kratschi
1904/1905..	31 034	79 315	6 750	8 910	1 584	794	1 410
1905/1906..	77 771	98 486	26 707	4 103	3 757	549	2 957
1906/1907..	137 134	118 509	31 416	5 311	6 222	431	2 160
1907/1908..	232 575	139 275	41 450	7 000	—	800	1 625
1908/1909..	335 038	182 765	43 374	17 876	—	1890	3 188
1909/1910..	255 299	153 906	28 490	16 817	2 485	1274	1 724

Gesamtexport 1904/1905........... 129 796
„ 1905/1906........... 214 329
„ 1906/1907........... 301 183
„ 1907/1908........... 422 729
„ 1908/1909........... 584 131
„ 1909/1910........... 459 997

In den drei bedeutendsten Baumwolldistrikten entwickelte sich die Kultur stetig bis zum Jahre 1909. In den anderen Bezirken, die in der voraufgehenden Übersicht getrennt aufgeführt sind, traten schon früher Stockungen ein. In Anecho blieb der Export der Jahre 1905/06, 1906/07 und 1907/08 hinter dem des ersten Jahres 1904/05 zurück, weil die Eingeborenen sich mehr der Maiskultur und der Palmölgewinnung zuwandten. In Kete-Kratschi betrug die Ausfuhr der Jahre 1906/07 und 1907/08 weniger als die des Jahres 1905/06, weil die ungünstigen Regenverhältnisse die Produktion stark beeinträchtigten, dazu kamen die schlechten Transportverhältnisse, der Mangel an guten Verbindungsstrassen, und nicht zuletzt die Gleichgültigkeit der Bewohner. Ähnliche Verhältnisse lagen in Sansane Mangu vor und bewirkten, dass der Export in diesem Jahre den des Vorjahres nicht erreichte.

Wenig oder fast garnicht wurde der Kautschuk durch die Ungunst des Klimas beeinträchtigt. Der Kautschukexport Togos hat sich in der Zeit von 1892 bis 1909 nahezu vervierfacht, der Preis sich verdoppelt. Dabei zeigt die Entwicklung der Menge eine grössere Stetigkeit als beispielsweise bei Palmkernen, Palmöl und Mais, wenn auch die des Preises ruckweise erfolgt. Der erzielte jährliche Durchschnittspreis schwankt um viel mehr als das Doppelte in den extremen Jahren 1893 (pro dz 346,20 ℳ) und 1905 (pro dz 869,80 ℳ).

Diese Preisschwankungen sind wohl auch in erster Linie für die Rückgänge der Ausfuhr in den Jahren 1901 und 1908 verantwortlich

Der Kautschukexport

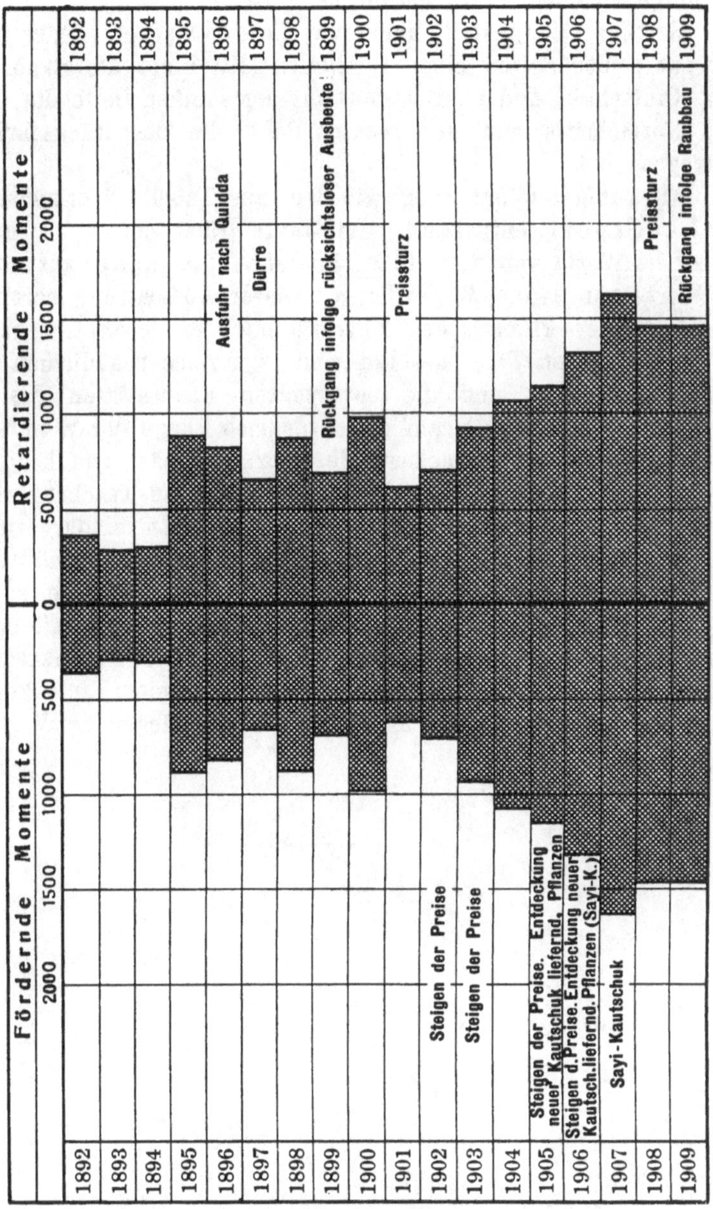

Fig. 6

zu machen, während in anderen Jahren, beispielsweise in den Jahren 1899 und 1909 die Ursache auf dem rücksichtslosen Raubbau der voraufgegangenen Jahre beruht.

Graphisch dargestellt finden wir diese Tatsachen wieder in Fig. 6, wo auf beiden Seiten einer vertikalen Mittellinie die Exportmengen des Kautschuks und über ihnen auf der linken Seite die Ursachen des Fortschritts, auf der rechten Seite die des Rückschritts eingetragen sind.

Am ruhigsten hat sich, wie wir aus Tabelle 2 entnehmen, der Kakaoexport entwickelt. Im Jahre 1900 betrug er nur etwa 30 kg im Werte von etwa 40 ℳ, im Jahre 1909 war er auf 133,600 kg im Werte von 94,000 ℳ gestiegen. Dieser Aufschwung beruht einerseits auf der klimatischen Bevorzugung des Produktionsgebiets — die tiefgründigen Täler des tau- und regenreichen südlichen Fetisch- und Agugebirges sind die bevorzugten Pflanzstätten des Kakaobaumes —, andererseits auf der sorgsamen Pflege der räumlich nicht allzu ausgedehnten Kakaobestände durch Europäer und Eingeborene, die es ermöglichte, die jungen Bäume durch die Trockenperiode der Jahre 1903—1905 ohne nachwirkenden Schaden hindurchzubringen.

Wir haben also gesehen, welche Einflüsse massgebend waren auf die Höhe der wirtschaftlichen Produktion. Wägen wir ab, so müssen wir dem Klima dabei die erste Stelle einräumen. Vor allem ist der Niederschlag der ausschlaggebende Faktor des Produktenertrages und damit der Grösse des Exports. Erst in zweiter Linie kommt die Lage auf dem Weltmarkte in Frage. Anders liegen die Verhältnisse in Kamerun.

Kamerun.

Es wird nicht Wunder nehmen, wenn wir bei einem Vergleich der Exporttabellen von Togo und Kamerun die Beobachtung machen, dass in beiden Ländern eine korrespondierende Entwicklung stattgefunden hat. Denn die Produkte, die den Export zusammensetzen, sind hier wie dort bis zu einem gewissen Grade dieselben — Palmkerne und Palmöl haben auch in Kamerun lange Zeit dem Exportwerte nach an der Spitze gestanden — und unterliegen den gleichen Einflüssen, die vom Weltmarkt ausströmen. Verschärft wird dieser Einfluss noch durch den Umstand, dass beide Kolonien räumlich benachbart sind, wozu noch die gleichzeitige Erschliessung und das gleichzeitige Erwachen des kolonialen Interesses im Mutterlande und vornehmlich auf dem heimischen Markte kommt.

Tabelle 1.

Exporttabelle von Kamerun.

Jahr	Wert	Jahr	Wert	Jahr	Wert
1892	4 263 784 *M.*	1898	4 601 620 *M.*	1904	8 020 731 *M.*
1893	4 633 363 „	1899	4 840 781 „	1905	9 315 187 „
1894	4 435 274 „	1900	5 886 458 „	1906	9 945 903 „
1895	4 089 843 „	1901	5 984 576 „	1907	15 891 418 „
1896	3 961 308 „	1902	6 264 099 „	1908	12 163 881 „
1897	3 385 463 „	1903	7 577 456 „	1909	15 701 176 „

Tabelle 2.

Übersicht der wichtigsten Produkte von Kamerun.

Jahr	Palmkerne		Palmöl		Kakao		Kautschuk		
	1000 M.	dz	1000 M.	hl resp. dz	1000 M.	dz	1000 M.	dz	Preis pro dz[1]) M.
1892.....	1162	56 358	1197	33 913 hl	62	507	1024	3 234	317
1893.....	1235	55 549	1354	33 329 „	101	780	1425	4 138	345
1894.....	1231	59 958	1210	34 703 „	137	1 350	1304	4 090	319
1895.....	1122	59 748	1038	34 314 „	127	1 420	1103	3 525	313
1896.....	1323	70 798	988	35 648 „	44	515	1078	3 403	317
1897.....	878	63 812	711	31 259 „	240	2 102	888	3 723	239
1898.....	1274	76 701	941	35 246 „	297	2 353	1600	5 341	300
1899.....	1267	69 093	850	29 130 „	192	2 229	1898	5 602	339
1900.....	1611	79 452	992	31 064 „	334	2 606	2059	5 473	376
1901.....	1640	82 923	1069	31 957 dz	565	5 284	1746	5 059	345
1902.....	2267	106 534	1053	31 047 „	693	6 483	1624	4 885	333
1903.....	2255	109 581	1038	29 905 „	928	9 129	2247	7 017	320
1904.....	1334	78 617	814	24 624 „	1044	11 429	3625	9 496	382
1905.....	1665	95 178	794	26 062 „	1281	14 135	4071	10 337	394
1906.....	2031	104 411	927	29 828 „	1167	12 521	4677	11 510	406
1907.....	2854	131 884	1328	35 598 „	2704	17 976	7641	14 928	512
1908.....	2204	111 977	988	30 432 „	2654	24 473	4780	12 143	394
1909.....	2611	132 241	1097	33 051 „	2854	33 228	7552	15 176	498

[1]) Die Preise sind durch Division der Gesamtwerte durch Mengen gewonnen.

Wenn auch die Produkte der Ölpalme, Palmkerne und Palmöl, heute dem Exportwerte nach sowohl durch Kautschuk als auch durch Kakao übertroffen sind, so haben sie doch gerade zu Anfang der deutschen Herrschaft eine so überragende Bedeutung besessen, dass wir sie füglich an die Spitze setzen können. Wir haben gesehen, dass in Togo die Produktion von Palmkernen und Palmöl in erster Linie von den klimatischen Bedingungen abhängig war und dass erst in zweiter Linie die Preislage die Produktion beeinflusste; wir haben bereits damals darauf hingewiesen, dass wir in Kamerun anderen Verhältnissen begegnen würden. Hier fehlt es weder an der nötigen Temperatur noch an dem erforderlichen Niederschlag, um die Früchte der Ölpalme in Fülle gedeihen zu lassen; wir werden hier die Ursachen anderswo suchen müssen und werden gut tun, den Wink, den uns die Betrachtung der Exporttabelle Togos gab, zu beachten und in der Preislage auf dem Weltmarkte die nächstliegende Ursache plötzlicher Schwankungen der Produktion zu erblicken. Wir können die Zeit des Palmkernexports in eine Periode ruhiger Entwicklung und in eine energischen Aufschwungs einteilen. Jene dauert, mit dem Jahre 1892 beginnend, bis 1902, und diese währt von 1902 bis 1909. In beiden erfolgten Rückschläge, die in der ersten Periode nicht so bedeutend waren wie in der zweiten.

Im Jahre 1892 erreichte der Palmkernexport eine Höhe von 56 358 dz, er sank im folgenden Jahre ein klein wenig infolge des grösseren Interesses für den Kakaobau, das eine Vernachlässigung der Palmkern- und Palmölproduktion zur Folge hatte. Im darauffolgenden Jahre 1894 hob sich zwar der Export ein wenig, allein die gehegten Erwartungen wurden nicht erfüllt. Das lag zum grössten Teil an der gedrückten Stimmung auf dem europäischen Markte, war aber auch zum Teil in der trockenen Witterung begründet, die einen niedrigen Wasserstand der Flüsse im Produktionsgebiet der Ölpalme zur Folge hatte. Damit wurde das Einzugsgebiet der Palmprodukte nicht unerheblich geschmälert, denn als relativ billige Massenprodukte vertragen sie keinen weiten und kostspieligen Transport. Auf der anderen Seite hatten sich auch die Preise vermindert, sodass nicht daran zu denken war, durch eine entsprechende Erweiterung des Trägerverkehrs, die immer nur durch Erhöhung der Kaufpreise ermöglicht wird, den Verlust auf der Wasserstrasse auszugleichen. Die gedrückte Stimmung und im besonderen die Gleichgültigkeit westafrikanischen Produkten gegenüber, die den Weltmarkt im vorletzten Jahrzehnt charakterisierte, hielt auch im folgenden Jahre noch an. Die Exportmenge sank sogar ein wenig unter die Höhe des Vorjahres. Dagegen brachte das Jahr 1896 den lange ersehnten Aufschwung. Über den Grund dieser Zunahme jedoch, die uns in Anbetracht des weit geringeren Kaufpreises in Erstaunen setzen muss, war nichts in Erfahrung zu bringen. Das folgende Jahr 1897 führte einen erneuten, wenn auch unbedeutenden Rückschlag herbei. Er war auch diesmal wieder begründet in der Indifferenz des Weltmarkts westafrikanischen Produkten gegenüber und in dem niedrigen Wasserstand der Flüsse, der die Verfrachtung erschwerte. Hierauf hob sich der Export nicht unbeträchtlich; er erreichte im Jahre 1898 den Betrag von 76 701 dz, hatte also den Anfangsbetrag bereits um 20 000 dz überholt. Auch dieser Aufschwung ist nicht näher motiviert, doch werden wir gut tun, den Grund in der fortschreitenden Interessierung der Eingeborenen seitens der Europäer und in dem nun allmählich erwachenden Interesse für die Produkte der westafrikanischen Kolonien im Mutterlande zu suchen. Diese vom kolonialen Standpunkt freudig zu begrüssende Stimmung wurde leider durch die Ereignisse des folgenden Jahres getrübt. Das Jahr 1899 ist in der Geschichte unseres Schutzgebiets ausgezeichnet durch eine Reihe mehr oder minder erfolgreicher kriegerischer Unternehmungen gegen aufständische Stämme. Dass unter diesen Umständen der Export, wenn nicht gar die Produktion, zurückgegangen ist, ist erklärlich. Die Folgen zeigen sich denn auch in der Exportziffer für Palmkerne und Palmöl, sie lassen sich auch an dem Produkte der Kameruner Plantagenkultur — dem Kakao — wahrnehmen. In den beiden Jahren wuchs die Palmausfuhr anfangs ruckweise, dann stetig, und mit dem Jahre 1902 beginnt die Epoche mächtiger Entfaltung des Palmexports. Sie wird unterbrochen durch eine Reihe nicht unerheblicher Rückfälle, von denen der erste im Jahre 1904, hervorgerufen durch niedrige Preise und durch Stockung des Handels im Dualabezirk, der immer noch der Ölpalmbezirk par excellence ist, einsetzte. Die Folgen dieser Misere waren auch im folgenden Jahre noch nicht verschwunden, denn trotz eines starken Aufschwungs hatte der Export nicht mehr die alte in den Jahren 1902 und 1903 erreichte Höhe erklommen. Erst 1906 näherte er sich ihr wieder. Von diesem Jahre melden die Denkschriften ein Aufblühen des Handels in Palmerzeugnissen, hervorgerufen durch gesteigerte Nachfrage. Die gesteigerte Nachfrage wiederum findet ihren ziffernmässigen Ausdruck in den Einkaufspreisen für die Produkte. Im Jahre 1906 wurden für den Doppelzentner Palmkerne 20 Mark bezahlt, während der durchschnittliche Preis für das gleiche Quantum in den beiden Jahren vorauf nur 17 Mark und 18 Mark betrug. Ein weiteres Steigen der Nachfrage und damit des Preises auf 22 Mark pro dz hatte im Jahre 1907 einen weiteren Aufschwung um beinahe 30 000 dz zur Folge. Der Export ging dem auf 20 Mark sinkenden Kaufpreise im Jahre 1908 nach; er erreichte ca. 112 000 dz, hob sich aber wieder im Jahre darauf zum Betrage von 1907, obwohl die Preise lange nicht so günstig standen wie in jenem Jahre.

So können wir denn nach einem Rückblick auf die Exportentwicklung der Palmprodukte den Denkschriften[1]) beipflichten, wenn sie sagen: „Sinkende Weltmarktpreise haben sinkende Einkaufspreise in der Kolonie zur unmittelbaren Folge. Diese wiederum bewirken ein Nachlassen der Produktion der Eingeborenen. Das tritt besonders deutlich bei den Palmprodukten hervor, die nur in einem verhältnismässig kleinen Kreis um die an Verkehrsstrassen angeschlossenen Plätze herum die Kosten der Beförderung durch Träger vertragen können. Jeder Preissturz bedeutet eine Verkleinerung des eine lohnende Produktion ermöglichenden Gebiets. Mit jeder Steigerung des Marktpreises um den Betrag des Trägerlohns erweitert sich das mögliche Produktionsgebiet um eine Tagereise.“ [2]) Fügen wir diesen beiden Faktoren: Produktion und Preislage, die innig miteinander verbunden sind, noch einen dritten hinzu, nämlich den Wasserstand der Flüsse, so kennen wir die den Export bewirkenden und modifizierenden Kräfte; dabei ist nicht ausgeschlossen, dass andere Einflüsse zeitweilig diesen oder jenen Faktor zurückdrängen.

Ein Vergleich der Exportzahlen für Palmkerne und Palmöl lehrt uns, an beiden Zahlenreihen ein korrespondierendes Steigen und Fallen unterscheiden, wenn auch die Schwankungen bei Palmöl sich in bedeutend engeren Extremen halten als bei Palmkernen. Auch hier waren 1896, 1898, 1907 und 1909 Jahre des Aufschwunges, 1897, 1899, 1904, 1908 Jahre mehr oder minder bedeutender Rückschläge. Man braucht nur die Zahlen für Palmkerne zu betrachten, um zu erkennen, dass gemeinsame Ursachen zu Grunde liegen.

Während der Export von Palmkernen sich innerhalb des Zeitraumes 1892—1909 noch nicht verdreifacht hat, der von Palmöl gar — offenbar infolge der umständlichen Aufbereitung — auf der alten Höhe stehen geblieben ist, hat die Kakaoausfuhr im Jahre 1909

---

[1]) Denkschriften über die Entwicklung der deutschen Schutzgebiete in Afrika und in der Südsee, Jahrgang 1908/09. S. 30.

[2]) Denkschriften, Jahrg. 1908/09, S. 34.

beinahe das Siebzigfache des Anfangswertes erreicht. Man erkennt aus dieser Tatsache die machtvolle Ausbreitung des Plantagenbetriebes in Kamerun. Die Exportreihe für Kakao beginnt mit 507 dz im Jahre 1892. Im Jahre darauf hatte sich die Ausfuhr um 273 dz gesteigert, was zum Teil auf Kosten der Palmproduktenausfuhr geschehen war. Eine weitere Zunahme erfolgte in den Jahren 1894 und 1895 trotz eines Preissturzes im letzteren Jahre. Das Jahr 1896 brachte einen beträchtlichen Ausfall der Ernte, wofür uns keine Gründe bekannt sind. Die Ausfuhr ging von 1420 dz im Jahre 1895 auf 515 dz herunter, die Verminderung betrug demnach 64 %, und doch wird in den Denkschriften nichts von ihren Ursachen erwähnt. Von 1897 an nahm der Export wieder stetig zu bis 1899, wo sich die Folgen der zahlreichen Aufstände in allen Exportpositionen fühlbar machten. Bis zum Jahre 1898 hatten sich die Kakaopflanzungen ängstlich an die Küste gehalten, im Jahre 1900/01 waren die fruchtbaren südöstlichen Hänge des Kamerunberges allenthalben mit ihnen bedeckt.[1]) Der Export hob sich denn auch im folgenden Jahre schon merklich, wurde aber durch den des Jahres 1902 um das Doppelte übertroffen. Die Ausfuhr betrug in diesem Jahr 5284 dz, während sie im Jahre 1901 nur auf 3606 dz gekommen war. Dazu brachte die Reise des Dr. *Preuss* nach Zentral- und Südamerika die Einführung der besten Sorten. Die Sorgfalt, die man immer der Kakaokultur hatte angedeihen lassen, wurde erhöht, die Aufbereitungsart verbessert, was alles dazu beitrug, dem Kamerunkakao zu dem Ansehen zu verhelfen, welches er heute geniesst. Unter diesen Umständen nahm die Produktion gleichmässig zu bis zum Jahre 1905. Im folgenden Jahre geschah darauf ein Rückschlag um etwa 1500 dz, der dem Auftreten der Phythophora omnivora zu verdanken war. Trotzdem waren die Preise hoch, und das trug weiterhin dazu bei, das Interesse für die Kakaokultur wach zu halten, und den Pflanzer mehr auf sorgsame Pflege als auf Ausbreitung seiner Anlagen hinzulenken. Obwohl auch im nächsten Jahre noch stellenweise die Kakaobäume unter Phythophora omnivora, der sog. Braunfäule, zu leiden hatten, zu der sich andere Schädlinge, Rindenwanzen und Engerlinge hinzugesellten, war dort ein bedeutender Aufschwung zu verzeichnen. Man hielt auch in diesem Jahre an dem Prinzip fest, durch sorgsame Kultur gleichzeitig Preis und Ernte zu erhöhen und begnügte sich mit dem vorhandenen Produktionsgebiet. Während die Anbaufläche im Jahre 1907 7053 ha betrug, belief sie sich im

---

[1]) Denkschriften, Jahrg. 1900/01, S. 42.

folgenden Jahre auf 7578 ha.[1]) Die Denkschriften geben an derselben Stelle der Vermutung Ausdruck, dass sich die Pflanzungen fürs erste mit den vorhandenen Beständen begnügen würden.[2]) Ausserdem begünstigte die Witterung die Kakaokultur. Kunstdüngung, die man schon im voraufgehenden Jahre angewandt hatte, fand weitere Anwendung. Während die Einfuhr von Kunstdünger sich im Jahre 1907 auf nur 22 503 kg belief, erreichte sie im Jahre 1908 die Menge von 184 139 kg.[3]) Die Folge all dieser günstigen Umstände war, dass die Ernte pro Hektar von 387 kg im Jahre 1907 auf 507 kg im Durchschnitt vermehrt wurde.[4]) Die Fortsetzung solcher Bestrebungen hatte zur Folge, dass der Ertrag pro Hektar im Jahre 1909 auf 623 kg stieg.[5]) In erster Linie ist jedoch dieser Aufschwung hervorgerufen durch ausgedehntere Verwendung von Kunstdünger, wovon im Jahre 1909 460 000 kg gegen 184 139 kg im Vorjahre importiert wurden

Fragen wir uns nach den Ursachen dieses stetigen, nur von ganz wenigen Rückschlägen unterbrochenen Aufschwungs in der Kakaokultur, so lautet die Antwort: die Hänge des Kamerunberges mit ihren tiefgründigen, aus zersetzter Lava und vulkanischer Asche bestehenden Boden, mit ihrem feuchtwarmen, wenig stürmischen Klima eignen sich vorzüglich als Pflanzstätte des Kakaobaums. Bei sorgfältiger Bewirtschaftung müssen diese natürlichen Bedingungen Ernten hervorrufen, die die Aufmerksamkeit des mutterländischen Kapitals auf sich lenken. Das letztere ist in Kamerun geschehen. Das Interesse für die Kameruner Kakaokultur hat ständig zugenommen; vor allem lockte auch die Einheitlichkeit und Geschlossenheit des Produktionsgebiets, das einerseits den Wettbewerb unter den Pflanzern nährte, andererseits wenige kostspielige Verkehrswege erforderlich machte. Dass Rückschläge seltener sind als bei den Erzeugnissen der Urproduktion, liegt am Charakter des Gewinners und an der Art der Pflanzung. Einmal war das Sinken der Exportziffer hervorgerufen durch das Auftreten der Braunfäule, ein anderes Mal durch kriegerische Unternehmungen, ein drittes Mal war die Ursache nicht festzustellen. Unruhen in der Folgezeit zu vermeiden, ist Sache der Regierung, und wenn von einem Gebiete Kameruns, so kann von diesem gesagt werden, dass es beruhigt ist. Die erwähnten

---

[1]) Denkschriften, Jahrg. 1908/09, S. 36.
[2]) ebenda.
[3]) Denkschriften, Jahrg. 1908/09, S. 36.
[4]) Denkschriften, Jahrg. 1908/09, S. 37.
[5]) Denkschriften, Jahrg. 1909/10, S. 70.

kriegerischen Unternehmungen liegen ja auch schon 12 Jahre zurück. Der Braunfäule ist bei rechter Behandlung beizukommen, wie die letzten Jahre lehrten. Auch die anderen Schädlinge sind nicht unausrottbar, so dass wir gerade in der Kakaokultur Kameruns zu den schönsten Hoffnungen berechtigt sind. Was schliesslich die Arbeiterverhältnisse anlangt, so lässt sich da auf Grund des vorliegenden Materials kein bedeutender Einfluss auf die Produktion erkennen. In manchen Jahren — beispielsweise im Jahre 1907/08 — waren zwar die Arbeiterverhältnisse auf den Plantagen wenig günstig,[1]) was durch den Bahnbau Duala—Manenguba einerseits, durch die hohen Trägerlöhne im Südbezirk andererseits, hervorgerufen sein mochte, und wir können daraus vielleicht auf eine Beeinträchtigung der Ernte schliessen, allein diese ist sicherlich nicht bedeutend gewesen. Ähnlich, wenn auch nicht in so akuter Form, lagen die Verhältnisse in anderen Jahren, beispielsweise im Jahre 1909/10.

Während Palmkerne und Palmöl aus der wirtschaftlichen Betätigung der Eingeborenen hervorgehen, Kakao fast ausschliesslich ein Produkt des europäsichen Plantagenbaus ist, wird K a u t s c h u k zum grösseren Teil im Raubbau, zum kleineren Teil und erst in jüngerer Zeit plantagenmässig gewonnen. Daraus können wir wieder von vornherein schliessen, dass die Lage auf dem Weltmarkt, also die gebotenen Kaufpreise massgebend für die Menge der Produktion und somit des Exportes sind. Eine genauere Betrachtung der Verhältnisse wird diesen Schluss rechtfertigen. Der Kautschukexport begann für die Zeitspanne, die wir hier in unseren Betrachtungskreis eingeschlossen haben, mit 3234 dz im Jahre 1892. Er hob sich erst langsam, dann energischer und erreichte im Jahre 1909 mit 15176 dz beinahe das Fünffache des Anfangsbetrags. Das zweite Jahr — 1893 — brachte einen leichten Aufschwung, wohl infolge der höheren Einkaufspreise; denn während 1892 nur 317 ℳ für den Doppelzentner bezahlt wurden, betrug im folgenden Jahre der durchschnittlich erzielte Preis 345 ℳ pro dz. Er sank dann aber im folgenden Jahre auf den alten Stand — 319 ℳ — zurück, und dem Preise folgte die Exportmenge. Dazu kam noch, dass die Transportverhältnisse durch den niedrigen Wasserstand der Flüsse sehr erschwert wurden. Das Sinken der Preise hielt auch im folgenden Jahre noch an, sogar im Jahre 1896 war der Wert von 1894 nicht erreicht. Die Folge war ein weiteres Abnehmen der Ausfuhrmenge. Den niedrigsten Durchschnitts-Preis erzielte der Kautschuk im Jahre 1897. Trotzdem

[1]) Denkschriften, Jahrg. 1907/08, S. 31.

betrug die ausgeführte Menge 3723 dz. Im Jahre darauf wurden 300 *M.* für den Doppelzentner bezahlt, der Export schwang sich auf 5341 dz. Es gelang dem um die wirtschaftliche Erschliessung Kameruns so verdienstvollen Dr. *P. Preuss* den Samen der echten Kickxia am Mungo aufzufinden, ausserdem brachte eine Expedition Samen der Lagos-Kickxia nach Kamerun. Das alles trug weiterhin zur Belebung des Kautschukbaus bei, sodass die kriegerischen Ereignisse des folgenden Jahres keine Verminderung der Ausfuhr gegen früher zur Folge haben konnten. Trotzdem entsprach die Ernte infolge des Aufstandes im Baliland nicht den gehegten Erwartungen. Das Jahr 1900 brachte eine weitere Preissteigerung, aber keine Vermehrung der Ausfuhr. Die Denkschriften[1]) berichten uns in diesem Jahre, dass in den Gegenden, in denen schon seit längerer Zeit Kautschuk gewonnen wird, die Bestände an Lianen und Kautschukbäumen bedenklich herabgehen. Wenn sich die Gummiproduktion noch annähernd auf der alten Höhe halte, so sei das vor allem der Aufschliessung neuer gummireicher Landstriche zu verdanken. Das Jahr 1900 ist auch dadurch bemerkenswert, dass sich nun in Südkamerun einige Pflanzungen anschicken, den Kautschuk plantagenmässig zu gewinnen. 1901 führte einen Preissturz und ein Abnehmen der Ausfuhr herbei. Die Ziffer von 5059 dz wäre um ein Erkleckliches vermindert worden, wenn nicht in diesem Jahre neue Kautschukbestände im Gebiete zwischen Sanaga und Njong entdeckt und ausgebeutet worden wären. Die alten Bestände beginnen nun allmählich unrentabel zu werden, der übertriebene Raubbau rächt sich hier in bitteren Folgen. So sank im Jahre 1902 die Ausfuhr ganz bedeutend, weil die weniger gummireichen küstennahen Teile des Dualabezirks erschöpft waren. Zudem war der Preis weiter zurückgegangen. Mit diesem Jahre kann man die Periode langsamer Entwicklung abschliessen und mit dem folgenden eine solche energischen Aufschwungs beginnen lassen. Der Exportwert beträgt im Jahre 1903 7017 dz, obwohl ein niedrigerer Preis durchschnittlich erzielt worden ist. Nun beginnt das Interesse für die Kautschukgewinnung sich mächtig zu entfalten, und weil das südliche Kameruner Waldland das eigentliche Produktionsgebiet für Kautschuk ist, beginnt der Handel in diesem Gebiet sich in ungeahnter Weise zu entwickeln. Die Regierung sendet in diesem Jahre einen Beamten nach dem Süden, um die Verhältnisse weiter zu studieren.[2]) Die Landstriche zwischen Njong

[1]) Denkschriften, Jahrg. 1900/01, S. 42.

[2]) Denkschriften, Jahrg. 1904/05, S. 48.

und oberem Djah im besonderen erweisen sich als ausserordentlich ergiebige Kautschukgebiete. Der Aufschwung war zweifellos eine Folge des hohen Preises, der von 320 *M.* im Vorjahre auf 382 *M.* pr. dz emporgeschnellt war. Die schlechten Preise haben hiermit ihr Ende erreicht, sie steigen von nun an mehr und mehr und fordern zur Erhöhung der Produktion heraus. Im Jahre 1907 wird nicht nur der höchste Preis, sondern auch die zweithöchste Ausfuhrziffer mit 14928 dz erreicht. Aber diese Ziffer wurde erreicht durch einen rücksichtslosen Raubbau, dem die Regierung anfangs machtlos gegenüberstand, und der bedauerlicherweise zu den grossen Aufständen von 1905 bis 1907 führte.[1]) Nicht nur die küstennahen Teile waren erschöpft, auch von den ehemals gummireichen Bezirken Kribi, Lolodorf, Ebolova und Jaunde wird berichtet, dass die Gummipflanzen fast gänzlich ausgerottet seien. Auf der anderen Seite beginnt nun aber der plantagenmässig anfangs nur aus Kickxia, später auch aus Hevea brasiliensis gewonnene Kautschuk neben dem Produkte des Raubbaus mehr und mehr hervorzutreten. Die niedrigen Kautschuk-Preise im Frühjahre 1908 wirkten lähmend auf die Produktion ein. Der Durchschnittspreis sank von 512 *M.* auf 394 *M.* für den Doppelzentner. Der Export von annähernd 15000 dz auf ca. 12000 dz hob sich aber im folgenden Jahre über die alte Höhe hinaus und erreichte mit 15176 das Maximum innerhalb des ganzen Zeitraums. Der Preis von 498 *M.* war der zweithöchste und steht dem von 1907 um ein Unbedeutendes nach. Erwähnung verdient, dass in diesem Jahre zu dem deutschen Export die südlich der Grenze gelegenen französischen und spanischen Gebiete wesentlich beisteuerten.[2])

Ein Rückblick auf den Gang der Kautschukproduktion lehrt uns, dass in der weitaus grössten Zahl der Fälle der Preis für den Umfang der Produktion massgebend war. Die Tatsache veranlasste uns zu einer graphischen Veranschaulichung dieser Beziehung, die in Figur 1 niedergelegt ist. Man erkennt ohne weiteres die auffallende Übereinstimmung der beiden Kurven. Hier wie dort ist das Ansteigen von 1892 bis 1893, das allmähliche Fallen bis 1897, darauf der Aufschwung bis 1900 und der Abstieg bis 1902 wahrzunehmen. Auch die letzten Teile der Kurven behalten diesen Parallellismus bei.

---

[1]) *Passarge,* Kamerun, S. 523, in Hans Meyer „Das Deutsche Kolonialreich" 1910.

[2]) Denkschriften, Jahrg. 1909/10, S. 67.

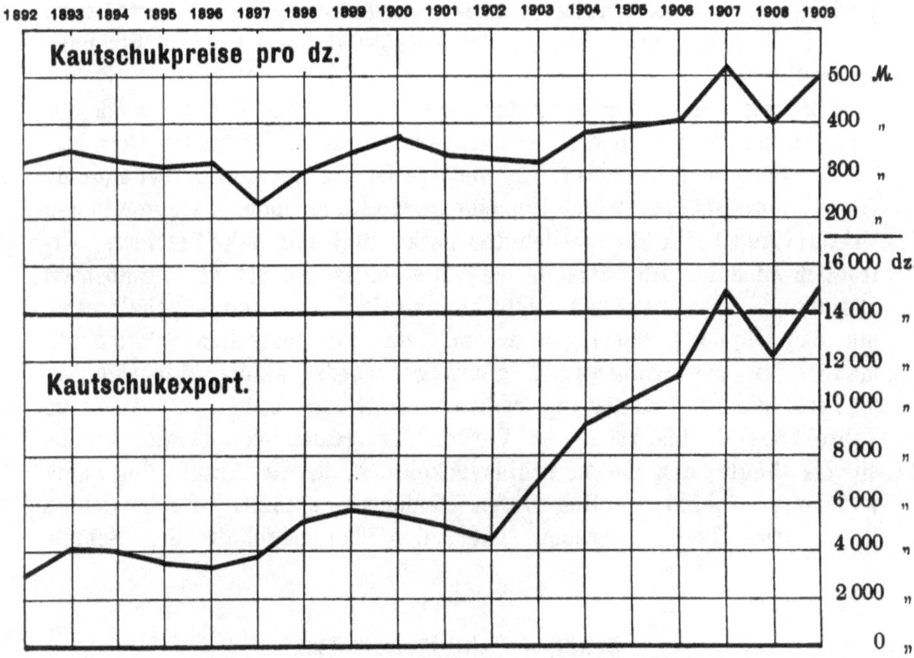

Fig. 7.

Neben den besprochenen vier Produkten treten die übrigen zur Ausfuhr gelangenden Erzeugnisse mit Ausnahme des Elfenbeins völlig in den Hintergrund. Letzteres behält in der ganzen Entwicklungsreihe annähernd den gleichen Exportwert bei. Im Jahre 1909 wurden für ca. 1 132 000 M. Elefantenzähne, die zum grössten Teile aus den Süd-Bezirken, vor allem aus Kribi stammten, exportiert, im Jahre 1892 hatte sich der Exportwert auf 725 000 M. belaufen. Dabei waren die exportierten Mengen im Anfangsjahr 403 dz, im letzten Jahre 538 dz. Zwar versucht die Regierung durch geeignete Massnahmen das Abnehmen des Elfenbeinexports zu verhindern. Allein mit dem Aussterben des Elefanten, das man als ziemlich sicher annehmen kann, ist auch über den Elfenbeinhandel das Todesurteil gesprochen. Im Jahre 1905 erliess das Gouvernement ein Verbot auf Einfuhr von Feuerwaffen und auf Ausfuhr von Zähnen im Gewicht von weniger als 5 kg.[1]) Die Folge war ein bedeutendes Abnehmen der Elfenbeinausfuhr im Jahre 1906. Auf Elfenbein folgen, wenn man nach dem Ausfuhrwert einteilt, Bau- und Nutzhölzer im Werte von 177 117 M., darauf Kolanüsse mit etwa 28 000 M. und Schinüsse mit ca. 23 000 M.

[1]) *Passarge*, Kamerun 541.

Kaffee, auf den man anfangs grosse Hoffnungen gesetzt hatte, wird in der Statistik des Jahresberichts 1909/10 überhaupt nicht mehr geführt.

In dem Masse, wie sich der Export entwickelte, nahm auch der Schiffsverkehr in den Kameruner Häfen zu. Noch im Berichtsjahr 1894/95 war Kamerun, das heutige Duala, der einzige bedeutende Hafen, heute schliessen sich ihm eine ganze Reihe anderer an, von denen Viktoria und Kribi hinsichtlich des Verkehrs Duala nahe kommen. Erfreulich ist dabei die Tatsache, dass die englischen Schiffe, die noch im Berichtsjahre 1894/95 den deutschen an Zahl und Tonnengehalt etwa um das Doppelte überlegen waren, von den deutschen Schiffen allmählich in den Hintergrund gedrängt worden sind. Wie sich allmählich dieser Umschwung vollzog, zeigt uns Tabelle 3, die vom Jahre 1894/95 bis 1902 den Verkehr im Hafen von Duala, von da ab bis heute den Gesamtschiffsverkehr, d. h. die Anzahl der angekommenen Schiffe in allen Häfen Kameruns, enthält. Leider fehlen im letzten Teile Angaben über den Tonnengehalt der Schiffe.

Tabelle 3.

Schiffsverkehr in Kamerun.

Jahr	Im Hafen von Duala				In allen Häfen des Schutzgebietes	
	Deutsche Schiffe		Englische Schiffe		Deutsche Schiffe	Englische Schiffe
	Zahl	Tonnengehalt	Zahl	Tonnengehalt	Zahl	Zahl
1894/95 ..	28	31 499	51	60 086	—	—
1895/96 ..	24	29 297	38	49 092	—	—
1896/97 ..	25	32 796	39	47 147	—	—
1897/98 ..	29	37 803	45	58 811	—	—
1898/99 ..	24	34 889	34	45 356	—	—
1899/1900	27	36 793	26	37 586	—	—
1900/01 ..	45	67 471	37	55 789	—	—
1901	64	159 701	29	88 642	—	—
1902	82	238 577	29	96 705	—	—
1903	—	—	—	—	257	111
1904	—	—	—	—	192	146
1905	—	—	—	—	229	158
1906	—	—	—	—	235	111
1907	—	—	—	—	281	161
1908	—	—	—	—	226	155
1909	—	—	—	—	224	159

Das allmähliche Zurückweichen des englischen Handels vor dem deutschen zeigt sich auch in einer anderen Tatsache. Im Berichtsjahr 1894/95 waren in Kamerun 8 englische Handelsfirmen gegen nur 6 deutsche ansässig. (Tab. 4). Im Berichtsjahre 1900/01 war die

Tabelle 4.

Deutsche und englische Erwerbsgesellschaften in Kamerun.

	Deutsche	Englische
1894/95	6	8
1895/96	7	7
1896/97	8	7
1897/98	9	7
1898/99	11	8
1899/1900	15	8
1900/01	25	10

Zahl der deutschen Handels- und Erwerbsgesellschaften auf 25, die der englischen auf 10 gestiegen. Es lohnt sich nicht die Statistik über dieses Jahr hinaus weiter zu verfolgen, weil gerade auf deutscher Seite kleinere Unternehmungen zunehmen, die in der Statistik wohl als Erwerbsunternehmen geführt werden, die aber mit dem Aussenhandel nichts zu tun haben. Im Berichtsjahre 1905/06 waren nur mehr 5 englische Unternehmer im Schutzgebiet ansässig.

Sitzungsberichte

333. Sitzung. 6. Januar 1910.

Vorsitzender: Dr. W. Oehrens.

Unter den ausgelegten literarischen Eingängen sind hervorzuheben:

1. Prof. Carl Lehmann-Haupt: Armenien, Einst und Jetzt, Bd. I. Berlin 1910. Der Inhalt betrifft die wissenschaftlichen Ergebnisse der Lehmann-Belckschen Expedition nach Armenien in den Jahren 1898/99, zu der die Hamburgische Geographische Gesellschaft ℳ 3500 beigesteuert hat. (Siehe die in dem XV. und XVI. Bande dieser Mitteilungen publizierten 10 Reisebriefe von der Armenischen Expedition.)
2. Verhandlungen des XVI. Internationalen Amerikanisten Kongresses in Wien 1908. Wien 1910.
3. Mitteilungen der Geopraphischen Gesellschaft in Hamburg, herausgegeben von Dr. L. Friederichsen. Bd. XXIV. Hamburg 1910.

Der Vorsitzende beantragt namens des Vorstandes und Beirats, dem wissenschaftlichen Hilfsarbeiter am Hamburgischen Kolonialinstitut (Seminar für Geographie) Herrn Dr. Erich Obst für die Ausführung einer Forschungsreise nach Deutsch-Ostafrika 14000 Mark (verteilt auf die beiden Finanzjahre 1910 und 1911) zu bewilligen. Der Antrag wird genehmigt[1]).

Die von Dr. Obst für die Expedition aufgestellten Gesichtspunkte sind folgende:

Das zunächst in Aussicht genommene Gebiet ist der südliche Teil des ostafrikanischen Grabengebietes und umfasst eine Fläche von etwa 300 bis 400 km Breite und Länge (ungefähr von der Grösse der Provinz Schleswig-Holstein) mit den Eckpunkten: Kilimatinde, Mpapua, Kondoa-Irangi, Gurui-Vulkan. Die Aufgaben, die hier zu lösen sein werden, betreffen in erster Linie die Topographie und den Aufbau dieses Gebietes. Die wenigen Routenaufnahmen, die bis jetzt von hier vorliegen, stammen in der Mehrzahl von Offizieren, die sich infolge mangelnder Vorbildung dem Studium des geologischen Aufbaus garnicht gewidmet haben. Und auch die flüchtige Durchreise Oscar Baumanns 1893 hat uns keinen klaren Begriff von dem Bau dieser Gegend geben können. Der westliche Bruchrand der grossen ostafrikanischen Dislokation ist von der Breite des Gurui-Vulkanes bis nach Kilimatinde und darüber hinaus noch nicht erforscht,

[1]) Siehe den vorläufigen Bericht über die Landschaft Turu auf Seite 71.

insbesondere herrscht über das südliche Ende des Bruchrandes noch völlige Unklarheit. Es gilt zu untersuchen, ob ein Zusammenhang dieser Dislokation nach Süden mit dem Ruaha-Graben existiert; ferner, ob sich ein östlicher Grabenrand, wie er in Britisch-Ostafrika und in dem nördlichen Teil des deutschen Schutzgebietes beobachtet ist, auch hier im südlichen Teil des Grabengebietes vorfindet, oder ob es sich um ein durch viele Verwerfungen zerstückeltes Schollenland handelt. Bei dieser Gelegenheit würden auch die Vulkane dieser Gegend zu studieren und alles Material zu sammeln sein, das uns Aufschluss über die Altersverhältnisse der Vulkane und tektonischen Störungen in diesem Gebiete geben kann.

Ein interessantes Problem knüpft sich an die Entstehungsweise des Grabengebietes. Bekanntlich hat Dr. Uhlig die Hypothese aufgestellt, dass das von ihm „Ostafrikanische Bruchstufe“ genannte Gebiet ihre Entstehung einer Aufwälzung und Überschiebung der Erdkruste verdankt.

Eine weitere Aufgabe würde darin bestehen, den Problemen der Verwitterung und Abtragung nachzugehen, die rezente Trockenverwitterung eingehend zu studieren und danach zu forschen, ob sich Anzeichen für ein ehemals feuchteres Klima (Trockentäler, Flussterrassen, Seebecken etc.) vorfinden.

Eine wesentlich niederschlagsreichere Klimaperiode für die Entstehung der Kilimatinde-Konglomerate anzunehmen, möchte Obst vorläufig unentschieden lassen.

Auch die Inselberglandschaften in der angrenzenden Masaisteppe würden in den Kreis der Untersuchungen einzuziehen sein; unter anderem müsste man untersuchen, ob jene Inselberglandschaften älterer Entstehung sind als die Einbrüche und Vulkane. Ausführliche Studien müssten daneben auch der Hydrographie des Gebietes gewidmet werden, insbesondere scheint es wichtig, das Verschwinden des Búbu-Flusses im Süden von Kilimatinde zu erforschen.

Auch der Bevölkerung dieser Gebiete wird die grösste Aufmerksamkeit zu schenken sein; gehören doch gerade diese Gegenden zu den völkerkundlich interessantesten Teilen unserer ostafrikanischen Kolonie. Dicht gedrängt finden sich hier Reliktenvölker neben Negern und Hamiten. Das im Zentrum des zur Frage stehenden Gebietes gelegene Ussandaui besitzt eine Bevölkerung, die vielleicht einen Rest der afrikanischsn Urbevölkerung darstellt, vielleicht auch mit den Hottentottenstämmen Südwestafrikas verwandt ist.

Dr. Meinhof, Professor der afrikanischen Sprachen am Hamburgischen Kolonialinstitut, hält in einer gutachtlichen Äusserung vom 24. November 1909 die Erforschung der Sprachen von Ussandaui und Nachbargebieten von der grössten wissenschaftlichen Bedeutung. Die grossen Probleme der afrikanischen Linguistik kommen nach Meinhofs Ansicht gerade an dieser Stelle zur Geltung, und es ist nicht ausgeschlossen, dass man hier Dinge finden wird, die ganz wesentlich zu ihrer Lösung beitragen. Meinhofs kleine Studie im Mbulunge (Mitt. d. Seminars für orient. Sprachen 9, Abt. 3, p. 324 ff.) hat gezeigt, wie nahe die Sprache dieser hellfarbigen Leute mit den Somali zusammenhängt. Es scheint ihm daher gar keinem Zweifel zu unterliegen, dass wir hier eine Sprache vor uns haben, die zu den nordafrikanischen „Hamiten"-Sprachen gehört, dass die Hamiteninvasion sich bei einer Reihe ostafrikanischer Bantuvölker linguistisch nachweisen lässt, und dass die Bildung der Bantusprachen erst aus den Hamitensprachen verständlich wird. Aus einer Grammatik dieser südlichen Hamitensprachen wird man die Beziehungen zwischen ihnen und den Urbantu kennen lernen können.

Ausserdem ist die Frage nach der Zugehörigkeit gerade der Wassandaui von grösstem Wert. Ihre Sprache weicht nach Meinhof im Lautbestand durch die Schnalze völlig von den anderen Sprachen Afrikas ab, mit Ausnahme der Hottentotten und Buschleute in Südafrika. Nach Meinhof hat die Sprache der Hottentotten im wesentlichen hamitische Grammatik, und sind ihre Schnalze Lehngut von den Buschleuten. Nach neueren Nachrichten und nach bestimmten Versicherungen der Mbulunge selbst ist das Sandaui mit dem Mbulunge verwandt. Meinhof vermutet daher, dass auch hier die Schnalze durch die Berührung mit einem buschmannähnlichen Stamm in das Sandaui eingedrungen sind.

Es bleibt demnach festzustellen: 1) Ob es dort buschmannähnliche Leute, die eine nichthamitische Schnalzsprache sprechen, gibt? 2) Ob Sandaui wirklich eine hamitische Sprache ist? 3) Ob nähere Verwandtschaft zwischen Hottentottisch und Sandaui vorliegt? 4) Die Sprachen der Taturu und Ndorobbo, die dem Masai nahestehen, sind näher zu untersuchen, um mehr Material zur Klarstellung der Verwandtschaft der Masai zu den Hamiten oder Semiten zu beschaffen.

Auch die Wahi, Wafiomi und Waturu stellen ganz ungenügend erforschte Völker dar.

In wirtschaftlicher Beziehung ist von Wichtigkeit zu studieren, ob die Gebirgsländer von Ussandaui und Kondoa-Irangi nebst den weiter sie umgebenden Steppen für eine Besiedelung mit Weissen geeignet sind, ob Rinderzucht möglich ist, oder wie man die durch den Bau der ostafrikanischen Zentralbahn erschlossenen Ländereien sonst ausnützen kann.

Sodann hält Herr Dr. Fritz Krause, Direktorialassistent des Museums für Völkerkunde in Leipzig, einen Vortrag über seine im Jahre 1908 ausgeführte ethnographische Forschungsreise am Araguaya in Zentralbrasilien. An der Hand einer grossen Zahl von Lichtbildern schilderte er zunächst den Verlauf der Reise, die Befahrung des Araguaya von Leopoldina abwärts bis Conceiçao, die dem Studium der am Fluss wohnenden Karaya-Indianer gewidmet war, seine Vorstösse ins Land zu den Kayapo und Schavaje, die er als erster Forscher untersuchen konnte, und seine Erforschung des Rio Tapirape, eines westlichen Nebenflusses des Araguaya, die ihn bis halb zum Rio Xingu hinüberführte. Das hier wohnhafte Volk traf er in den Dörfern allerdings nicht an; es hatte infolge völliger Wasserlosigkeit des Gebietes seine Wohnsitze verlassen. Darauf entwarf der Redner Bilder von der Kultur dieser Indianerstämme, schilderte ihre Kleidung, Bemalung und ihren prachtvollen Federschmuck, ihre luftigen Palmblatthütten und Geräte, besprach ihre Kunstfertigkeit, die sich in schönen Schnitzereien, Flechtarbeiten und plastischen Darstellungen in Ton und Wachs zeigt, und erzählte von ihren seltsamen Tänzen, bei denen meterhohe bunte Masken benutzt werden. Die Knollen aus ihren oft weit vom Strom in Rodungen des Urwaldes angelegten Mandiokapflanzungen geben ihnen stärkehaltige Nahrung, eiweisshaltige Zukost die Fische des Flusses. Eisenwaren, wie Messer und Scheren, sind zwar schon zu ihnen hingekommen, doch sind noch Steinbeile und manche anderen Geräte ihrer metallosen Kultur bei ihnen zu finden. Interessant war es auch zu hören, wie es dem Forscher gelang, mit Spielsachen und Phonograph das Vertrauen der Indianer zu gewinnen, so dass er ungestört seinen Studien nachgehen konnte. Den geringsten Kulturbesitz haben unter diesen Stämmen entschieden die Kayako, die westlich des Flusses in der Steppe wohnen, und die nach beschwerlichem Marsch über ein Gebirge von dem Reisenden aufgefunden wurden. Tragen bei anderen Volkstämmen immerhin die Frauen einen Schurz, so gehen bei den Kayako beide Geschlechter ganz unbekleidet. Sie sind klein, von gelblicher Hautfarbe und wohnen in sehr ärmlichen Laubhütten, während die unverheirateten Männer nackt unter freiem Himmel schlafen. Mit ihnen musste der Reisende die kühlen Nächte der Steppe im Freien zubringen, die ihm trotz seines Lodenmantels empfindlich kalt wurden. Das Kochen ist den Kayako unbekannt, sie üben nur das Braten und Rösten in der heissen Asche.

334. Sitzung. 3. Februar 1910.

Vorsitzender: Senator Westphal.

(Die Sitzung findet ausnahmsweise im grossen Saale der Musikhalle statt.)

Herr Dr. M. Aurel Stein aus Peshawar spricht über seine geographisch-archäologische Forschungsreise in Zentralasien 1906—08.

Als Dr. Stein im Jahre 1901 von seiner ersten Forschungsreise im Auftrage der kaiserlich britisch-indischen Regierung im Chinesisch-Turkestan zurückgekehrt war, erwachte in ihm mit der Erinnerung an die glücklichen Erfolge dieser Reise sehr bald die Sehnsucht nach neuen Forschungen. Er hatte die Hoffnung, dass unter dem Wüstensande noch mehr Ruinen Jahrhunderte lang begraben liegen müssten. Gegen Ende 1905 war es ihm endlich möglich, sich von seinen Amtspflichten in den Nordwestprovinzen Indiens freizumachen und von der indischen Regierung sowie dem Britischen Museum die Mittel zu einer neuen Reise zu erhalten. Als Zugangsroute hatte Dr. Stein den Weg vom nordwestlichen Grenzgebiet Indiens über den Hindukusch zum Oxus und über das Pamir-Hochland gewählt. Am 28. April 1906 brach er vom Fort Chakalarra auf, begleitet von dem indischen Topographen Rai Ram Singh und einem Unteroffizier vom 1. Bengal-Pionier-Regiment. Die ersten Eilmärsche wurden durch frisch gefallenen Schnee sehr erschwert, und die Überschreitung des 3100 m hohen Lowarai-Passes mit schwerem Gepäck war für die Karawane eine hohe Leistung. Nach einer kurzen Rast in Chitral, wo anthropologisches und ethnologisches Material über die Dard-Rasse gesammelt wurde, begann der Vormarsch zu den Pamirs, auf dem die Route nach chinesischen Annalen durch die Pässe des Baroghil und Darkot festgelegt ward, die im Jahre 749 v. Chr. ein chinesisches Heer zu seinem Marsche von Kaschgar nach Yasin und Gilgit benutzt hatte. Vom 17. bis 19. Mai wurde die Hauptkette des Hindukusch auf 4700 und 3800 m hohen Pässen überschritten und damit das Oxusgebiet erreicht.

Nach beschwerlichen Märschen im Tale des angeschwollenen Oxus gelangte man am 27. Mai in dessen Quellgebiet und an den Fuss des etwa 5000 m hohen Wakhjir-Passes, der auf ungeheuren Schneemassen mühselig überschritten wurde. So war der Reisende auf chinesisches Gebiet gelangt. Die alte Route, auf der schon um 642 n. Chr. der chinesische Pilgrim Hsüan-tsang auf seiner Heimreise nach Indien zurückgekehrt war, brachte Dr. Steins Karawane weiter über den Taghdumbash-Pamir nach Sarikol und über verschiedene Pässe nach Kaschgar. Am 23. Juni brach er wieder von Kaschgar auf; doch wegen der grossen Sommerglut war an eine Ausgrabung von Ruinen in der Wüste nicht zu denken, und so trieb Dr. Stein geographische und ethnographische Studien am Fusse der Kuen-lun-Kette. Anfang August wurde Khotan erreicht, wo der Forschungsreisende schon 1900 und 1901 gewesen war. Dann begab er sich zum hohen Kuen-lun, einem öden Bergland mit tief eingeschnittenen Tälern, in denen Gletscherflüsse oft Hochwasser führten. Merkwürdig war, dass die Gebirge über 4300 m Höhe völlig frei von Geröll, aber die Getscher unten voll von Schutt waren.

Im September begannen die archäologischen Forschungen in der Wüste nördlich vom Hanguya-Kanton, die eine Menge von kleineren Reliefs eines Buddhisten-Tempels aus dem 5. bis 6. Jahrhundert zutage förderten. Sehr viele Handschriften in Sanskrit, Chinesisch, Tibetisch und in der unbekannten alten Sprache Khotans ergaben Grabungen in den Tempelruinen von Khadalik am Wüstensaume der Domoko-Oase, ebenso Stuckreliefs, Fresken, Malereien und Münzen aus dem 8. Jahrhundert. Wo jetzt der Niya-Fluss im Wüstensande versiegt, wurden unter Sanddünen wieder viele wichtige Funde gemacht: ganze Stösse von Dokumenten, Rechnungen, Briefen usw. auf rechteckigen Holztäfelchen, wurden aufgedeckt und zeigten, dass hier ein höherer Beamter zuletzt gewohnt hatte. Die Siegel in Ton erschienen alle so gut erhalten, als ob sie eben erst aufgedrückt worden wären, obwohl sie bereits 1700 Jahre in diesem Pompeji begraben gelegen hatten. Die meisten Siegel zeigten klassische Arbeit, Herakles darstellend mit Keule und Löwenhaut, Eros, Pallas, Promachos usw.

Anfang November führten Märsche die Karawane über 700 km ostwärts über Charchan nach Charklik, einer kleinen Oase, und dann in die Ruinenstätten der Lop-nor-Wüste, die Sven Hedin 1900 erforscht hatte. Prähistorische Funde von Feuersteinwaffen bewiesen die Existenz einer sehr alten Bevölkerung in diesem Gebiet. Nur vom Kompass geführt, traf man endlich auf die erste Ruinenstätte, die reiche Ergebnisse lieferte. Obwohl die Wind- resp. Sand-Erosion die Lehmwände meist vernichtet hatte, so waren doch hohe Kehrichthaufen unter dem Flugsande übriggeblieben, die zahlreiche Schriftstücke, Holzschnitzereien, Ornamente und Münzen enthielten. Diese zeigten, dass diese Wohnstätten im 3. Jahrhundert verlassen worden sind. Als Ende 1906 alle auffindbaren Ruinenreste durchforscht waren, wandte man sich nach Südwesten in die unerforschte Sandwüste und an die Tarimlagunen. Es herrschte eine Kälte von —27°, und an Brennholz herrschte Mangel, denn die letzten Reste von abgestorbenen Baumstümpfen waren hier verschwunden. Abermals entdeckte man jetzt Funde aus der Steinzeit. Weiter durchforschte Dr. Stein das verfallene Fort Miran mit seiner Umgebung und entdeckte hier unterirdische Kasematten, die im 8. und 9. Jahrhundert einer tibetischen Besatzung gedient hatten und eine Fülle von Schriftstücken in tibetischer Sprache, Gerätschaften, Waffen und Kleidungsstücke bargen. Benachbarte buddhistische Tempel enthielten allerlei Kunstreste: kolossale Buddhastatuen, prächtige (beschädigte) Fresken u. a. Sie zeigten einen westlich-klassischen Stil. Aus Münzenfunden ging hervor, dass auch diese Heiligtümer im 3. Jahrhundert nach Chr. verlassen worden waren.

Nach der ergebnisreichen Durchforschung von Miran rastete die Karawane zum Zwecke der Packarbeit kurze Zeit in den Schilfhütten von Abdal, von wo ein grösserer Teil mit den Fundgegenständen nach Kashgar zu Mc. Macartney zurückgesandt wurde. Am 21. Februar 1907 brach man zu einem langen Wüstenmarsche vom Lop-nor nach Westen an die Grenze von China auf; es war derselbe Weg, den Sven Hedin verfolgt hatte und den schon im 7. Jahrhundert der berühmte Pilger Hsüan-tsang und 600 Jahre danach der Venetianer Marco Polo gezogen war. Fünf Tagemärsche vom Rande der Oase Tun-huang entfernt, stiess Dr. Stein zuerst auf verfallene Wachttürme und eine verfallene Mauer, und er fand bald, dass es sich hier um die Ruinen eines grossen Grenzwalles handle. Nach kurzer Erholung in der Oase Tun-huang wurden die Ausgrabungen begonnen und der offenbar sehr alte limes mit seinen Wachttürmen und Stationen von An-hsi aus bis zu seinem westlichen Ende erforscht. Die massiven Wachttürme besassen einen Abstand von 3 bis 5 km, in ihnen befanden sich die einfachen Quartiere der Posten des Grenzwalles. Die Untersuchung förderte in diesen Stationen zahlreiche chinesische Schriftstücke auf Holz und Bambus ans Licht, aus denen folgte, dass die Besetzung des Walles schon in der Mitte des zweiten vorchristlichen Jahrhunderts stattgefunden haben musste; er war jedenfalls als Schutzwehr gegen die von Norden her andringenden Hsiong-nu, die Vorfahren der Hunnen, errichtet worden. Die vielen vorhandenen alten Schriftstücke auf Holz, Bambus und Seide, die Überreste von Waffen, Mobilien, Kleidungsstücken und anderen sonst sehr vergänglichen Dingen waren hier infolge des Klimas durch zwei Jahrtausende vortrefflich erhalten geblieben. Die entdeckten etwa 2000 chinesischen Schriftstücke betreffen meist militärische Dinge; sie sind älter als irgend ein anderes bis jetzt in Zentralasien aufgefundenes Originaldokument und geben ein vollständiges Bild von dem Alltagsleben der an dieser wüsten Grenze einst wachthaltenden Besatzung. Die damaligen chinesischen Ingenieure haben sich geschickt eine Kette von Salzsümpfen und Seen zunutze gemacht und gestampften Kies und dicke Faschinenanlagen zum Bau verwandt. Im allgemeinen besass der Wall, wo er von Osten nach Westen lief, eine Dicke von $2^1/_2$ m und eine Höhe bis zu 3 m, wogegen er in der Nord-Süd-Richtung, die der Winderosion ausgesetzt ist, bis auf Spuren verschwunden war; die Wachttürme ragten etwa 10 bis 12 m auf. Aus einem 160 m langen palastähnlichen Hallenbau zog man Schriftstücke aus dem ersten vorchristlichen Jahrhundert. Schwer zu leiden hatte man unter den Extremen des Wüstenklimas, das bis Anfang April noch Temperaturen von —22° Celsius, Ende April aber schon grellen Sonnenschein und lästige Hitze mit Schwärmen von Moskitos aus den Salzsümpfen brachte. Mitte Mai fand hier die Tätigkeit ihren Abschluss, und man kehrte nach Tun-huang zurück.

Schon 1902 war Dr. Stein auf die südlich von Tun-huang liegenden „Hallen der tausend Buddhas" aufmerksam gemacht worden. Die Untersuchung ergab, dass sich Hunderte von grossen und kleinen Höhlentempeln in einer steilen Felsmauer aneinanderreihten. Sie bargen herrliche alte Fresken, Skulpturen und Stuckornamente der gräko-buddhistischen Kunst aus der Zeit der Tang-Dynastie (7. bis 9. Jahrhundert). Vor allem wurde in diesen Tempeln ein höchst wertvoller Schatz von Handschriften und Malereien auf Holz, Seide und Leinwand entdeckt, die aus der Zeit vom 3. bis 10. Jahrhundert herrührten. Es waren darunter viele wohlerhaltene Buddhistentexte in Brahmi-Schrift. 24 Kisten mit Handschriften und 5 Kisten mit Malereien wurden in Sicherheit gebracht. Weitere ausgedehnte Tempelgrotten fand Dr. Stein im Tale des Ta-shih-Flusses, „Tal der zehntausend Buddhas", genannt. Vom Nan-shan-Gebirge zog man zu dem berühmten Chia-yü-kuan-Tor an der „Grossen Mauer" und darauf zu den Goldgruben an der 6000 m hohen Richthofenkette und zum Su-lo-ho-Flusse. Insgesamt wurden zwischen An-hsi und Kan-chou über 60 000 Quadratkilometer kartographische Aufnahmen gemacht. Anfang 1908 befand sich Dr. Stein in Korla am Nordostrande der grossen Sandwüste, von wo er dann westlich nach Kuchar und in die Ruinengebiete des Khotan- und Keriya-Gebietes zog, das er ebenfalls durchforschte, um sich nachher zur Domoko-Oase mit ihren Ruinen, die reiche Ausbeute lieferten, zu wenden. Bei seiner Rückkehr nach Khotan hatte die Karawane 50 Kamellasten von Antiquitäten. Es wurden endlich noch die Ketten des Kuen-lun-Gebirges bestiegen und durchforscht, worauf über die Karakorumpässe die Rückkehr nach Indien und von dort Ende Januar 1909 nach London erfolgte. Die Ausbeute der Reise betrug etwa 8000 Handschriften und Dokumente in ungefähr 12 verschiedenen Schriften und Sprachen neben grossen Mengen von Kunstgegenständen. So übersteigen die Ergebnisse der langen und mühevollen Expedition weit die gehegten Erwartungen. Sie sind geeignet, viel neues Licht auf die antike Kultur jener kulturhistorisch so überaus merkwürdigen Gegenden zu werfen.

Die interessanten Ausführungen wurden von der Vorführung zahlreicher Lichtbilder begleitet. Nachdem der Redner geendet, sprach ihm der Vorsitzende herzlichen Dank im Namen der lebhaften Beifall spendenden Zuhörer aus.

335. Sitzung. 3. März 1910.

Vorsitzender: Herr Dr. W. Oehrens.

Der Vorsitzende macht zunächst auf Grund eines am 12. Februar in Punta Arenas aufgegebenen Telegramms einige Mitteilungen über die von Dr. Charcot geführte französische Südpolar-Expedition, die nach gut zweijähriger Abwesenheit am 11. Februar d. J. wohlbehalten nach Punta Arenas an der Magellan-Strasse zurückgekommen ist.

Hierauf hielt Herr Dr. Basedow von der Geological Survey in Adelaide einen Vortrag über die Ergebnisse seiner Reisen in Zentral-Australien und im tropischen Nord-Australien.

Die erste dieser beiden Expeditionen, die der Redner im Dienste der südaustralischen Regierung begleitet und geführt hat, nahm ihren Ausgang von Oodnadatta, dem Endpunkte der „Great Northern Railway", der 688 Meilen nördlich von Adelaide liegt. Ein vom Redner gezeigtes Lichtbild veranschaulichte die genannte Endstation und liess erkennen, welche Massen von Proviant und Ausrüstungsgegenständen von der Expedition mitgenommen werden mussten, die aus 8 Weissen und 3 Schwarzen bestand und sich 9—10 Monate fern von der Zivilisation aufhalten sollte. Das einzig mögliche Transportmittel in diesen Wüsten ist das aus Vorderasien eingeführte Dromedar. 20 Stück wurden mitgenommen, von denen 4 den Wasservorrat für 3 Wochen trugen.

In voller Anschaulichkeit schilderte der Redner unter Beihilfe von Lichtbildern die mit etwas Vegetation bedeckte Steinwüste, sowie die Sand- und Salzwüsten in der weiteren Umgebung des Lake Eyre. Einige Arten der Wüstenpflanzen wurden beschrieben, unter diesen das berüchtigte Stachelschweingras (Triodia), das fälschlich auch Spinifex genannt wird. Spinifex wächst aber nirgends im Innern des Landes, sondern nur an den Meeresküsten. Ein anderes Bild zeigte einen Salzbusch (Atriplex), ein wertvolles Gewächs der australischen Wüsten, das einen salzigen Geschmack besitzt und von den Kamelen und Pferden sowie vom Vieh sehr gern gefressen wird. Die Union hat vor nicht langer Zeit diesen Salzbusch mit grossem Erfolg aus Australien in die nordamerikanischen Wüsten eingeführt.

Weitverbreitet ist die Vorstellung, dass das Salz der Vegetation besonders feindlich sei. Aber gerade auf dem salzhaltigen Boden findet sich eine etwas reichere Vegetation, da die dem Salze beigemischten hygroskopischen Magnesiasalze Feuchtigkeit anziehen.

Näher an den Gebirgen Zentral-Australiens trifft man auf leere mit Eukalypten bestandene Flussbetten, die oft jahrelang trocken liegen, jedoch plötzlich durch gewaltige Regengüsse mit einem reissenden Strome gefüllt werden. Daher ist, so sehr auch gerade diese Flussbetten der Expedition einen einladenden Platz zum Nachtlager darbieten, grosse Vorsicht geboten. Als seine persönliche Mutmassung sprach der Redner aus, dass der deutsche Forscher Ludwig Leichhardt, der im Jahre 1848 den Versuch machte, den Kontinent von Osten aus zu durchqueren und mit seiner ganzen Expedition vollständig verschollen geblieben ist, beim Lagern in einem solchen Strombett vom Wasser überrascht und in ein Salzseebecken geschwemmt worden sei. Die Wasserlöcher, die nach dem Regen oft 1½ bis 2 Jahre im Flussbette zurückbleiben, sind dem Reisenden sehr willkommen, nachdem er etwa drei Wochen lang das Wasser in Fässern mitgeschleppt hat.

Die folgenden Bilder zeigten die Wüstengebirgszüge Zentral-Australiens, die Musgrave-Ranges, welche in ihrer Mitte aus Intrusivgranit bestehen, der von präcambrischen krystallinischen Schiefern umlagert wird. Auch sind viele Gänge von Diorit und Dolerit vorhanden. Die Musgrave-Ranges werden umgeben von Tafelberglandschaften, die von Untersilur und oberer Kreide gebildet werden. Als Zeugen mächtiger Formationen, die einst das ganze Land bedeckten, geben die hohen Tafelberge einen Beweis für die enorme Abtragung in der Wüste.

Auf der zweiten Reise gelangte die Expedition zunächst mit einem Schiff an die Nordküste nach Port Darwin, um von dort in die tropischen Urwälder einzudringen. Zahlreiche Bilder gaben zunächst eine Anschauung von der Pflanzen- und Tierwelt. Besonderes Interesse erregen die Bauten der Termiten. Die bis 30 Fuss hohen Hügel repräsentieren eine erstaunliche Leistung dieser Tierchen, wenn man bedenkt, dass jedes Sandkörnchen einzeln hinaufgeschleppt wird, um mit Speichel an die anderen geklebt zu werden. Dem Reisenden bieten diese Bauten bequeme Backöfen, wenn er zunächst in einem ausgehöhlten Loche mit Reisig ein Feuer unterhält und dann den Brotteig hineinsetzt. Ein Bild zeigte den Zuhörern eine weite Lichtung, besetzt mit zahlreichen länglichen Termitenhügeln, deren Längsachse genau von Süd nach Nord gerichtet war. An ihnen kann man sich hier besser als mit Hilfe des Kompasses orientieren.

Sehr lehrreich und interessant waren auch die Mitteilungen des Redners über die in diesem Tropenlande herumschweifenden Australier, deren Lebens- und Sittenzüge uns so sonderbar anmuten. Einen kümmerlichen Unterschlupf für die Nacht bieten ihre für kurze Zeit hergestellten „Hütten", rohe Gerüste aus Zweigen, mit Rinde und Blättern bedeckt. Wo das Fieber herrscht, hat die Erfahrung diese Menschen gelehrt, sich gegen den Stich der Anopheles-Mücken zu schützen, indem sie die Hütten rund herum zubauen und nur eine Klappe zum Hineinschlüpfen lassen. Drinnen wird ein Feuer unterhalten, dessen Rauch durch die Fugen dringt. Lieber ertragen die Australier diesen Qualm, als dass sie sich von den Mücken stechen lassen. Ausserordentlich geschickt gebrauchen sie ihr Holzfeuerzeug, mit dem sie in weniger als einer halben Minute Feuer erzeugen. Denn unglaublich schnell haben sie aus dem schwelenden Holzzunder, der sich bei dem Gebrauch des Feuerquirls sowohl wie der Feuersäge abreibt, die Flamme entfacht. Mehrere Bilder veranschaulichten die nächtlichen Maskentänze und die Vorbereitungen dazu. Auf der Erde liegend, werden die Männer von den Künstlern dazu präpariert, die ihnen auf den ganz nackten dunklen Körper mit Blut lange weisse Linien aus Dunenfedern kleben. Sehr roh ist ihre Art der Tätowierung. Besonders auf Brust und Oberarm bringen sie sich durch mehrfach wiederholtes Einschneiden und Einstreuen von Sand und Asche querlaufende, breite und dick aufliegende Narben bei. Oder es werden mit dem Feuerquirl runde Wunden eingebrannt, die in vom unteren Ende des Brustbeins ausgehenden Reihen schräg über den Körper laufen. Den Kindern wird in frühem Lebensalter die Nasenscheidewand von den Eltern mit den Fingern durchgekniffen, das Loch dann allmählich durch Einstecken von Stäben erweitert, um zur Aufnahme von Schmuck aus Knochen zu dienen. Ein oder zwei der oberen Schneidezähne werden mittelst eines Stabes und eines Steines ausgeschlagen. Auch werden bei einigen Stämmen den Mädchen ein bis zwei Glieder des Zeigefingers mit der Schnur abgebunden, bis sie infolge Gangräne abfallen.

Nach den Untersuchungen des Redners, die in einer demnächst erscheinenden Arbeit veröffentlicht werden, ist das Haar der Australier zwar meist straff, doch vielfach auch wellig, gelockt und sogar gekräuselt. Hieraus folgt, dass das gekräuselte Haar der jetzt ausgestorbenen Tasmanier als Unterscheidungsmerkmal von den Australiern keine grosse Bedeutung besitzt. Auch ist es möglich, dass künstliche Übertreibung der Kräuselung bei den Tasmaniern eine Rolle gespielt hat. Zahlreiche Schädelmessungen haben beim Tasmanier Mesocephalie, beim Australier eine ausgesprochene Dolichocephalie ergeben. Im übrigen stimmen jedoch die Schädel beider Völker in den Massen ganz überein. Es ist eine bekannte Tatsache, dass kleine Völkerrassen einen mesocephalen Schädel besitzen. Der auch von Statur kleinere Tasmanier ist als Insulartypus des Australiers aufzufassen.

Wann die noch immer auf primitivster Kulturstufe stehenden Australier den Erdteil besiedelt haben, ist natürlich unbekannt. Doch gibt es schon seit langem Menschen in Australien, denn ihre Knochen scheinen zusammen mit denen von ausgestorbenen Riesenvögeln und pliozänen Beuteltieren abgelagert zu sein. Zeugen menschlicher Kunst aus sehr alter Zeit sind Felsgravierungen, in denen auch die Fährten ausgestorbener Riesen-Emus nachgebildet sind.

336. Sitzung. 7. April 1910.

Vorsitzender: Senator Westphal.

Auf Antrag des Vorstandes wird Herr Dr. Herbert Basedow in Adelaide in South Australia zum korrespondierenden Mitgliede erwählt.

Ein zweiter Antrag des Vorstandes betrifft die Bewilligung eines Beitrages zu den Kosten der unter dem Protektorat der Hamburgischen Wissenschaftlichen Stiftung stehenden afrikanischen Expedition des Herzogs Adolf Friedrich zu Mecklenburg, die er vom französischen Kongogebiet aus zum Tsad-See und von dort gen Osten zum Nil zu führen beabsichtigt. Über seine erste Reise, auf der er den Kontinent in umgekehrter Richtung, von Ost nach West, durchquert hat, hat der Herzog, wie erinnerlich, im vorigen Jahre auch in einem Vortrage vor der Geographischen Gesellschaft berichtet. Während das vorige Mal die Kosten der Reise von Berlin und Leipzig getragen wurden und dementsprechend auch die reichen und wertvollen Sammlungen in den Besitz der dortigen Museen übergingen, besteht der Plan, dass diesmal die Städte Hamburg und Frankfurt a. M. unter Teilung der Expeditionskosten sich die Erwerbung der zu machenden naturwissenschaftlichen und ethnologischen Sammlungen sichern. Schon sind durch die Freigebigkeit unserer Mitbürger und insbesondere auch durch die Beteiligung der Wissenschaftlichen Stiftung etwa Dreiviertel der von Hamburg aufzubringenden Summe von 200 000 *M.* gesichert. Um auch eine Beteiligung der Geographischen Gesellschaft an den Kosten zu bewirken, sind ihr bisher von einigen Mitgliedern 4100 *M.*[1]) zur Verfügung gestellt. Aus den Mitteln der Gesellschaft selbst kann natürlich kein grosser Beitrag geleistet werden, umsoweniger, da ja erst in diesem Jahre die Aufwendung von 14 000 *M.* für eine ostafrikanische

[1]) Bürgermeister Predöhl 100 *M.*, Senator Westphal 2000 *M.*, Kommerzienrat Stoltz 1000 *M.*, Justus Strandes 1000 *M.*

Expedition unter Führung von Dr. Obst beschlossen worden ist. Der Vorstand hält es aber für richtig, dass die Gesellschaft ihr Interesse an dem Zustandekommen des Unternehmens dadurch bekundet, dass sie aus den Mitteln der Gesellschaft 1000 M. den Zeichnungen ihrer Mitglieder hinzufügt. Dieser Antrag fand die Zustimmung der Versammlung.

Unter anderen Mitteilungen (Programm des XI. Internationalen Geologen-Kongresses in Stockholm 1910) bespricht der Vorsitzende alsdann den in der Berliner Gesellschaft für Erdkunde am 5. März a. c. zu allgemeiner Überraschung bekannt gegebenen Plan des Oberleutnant Wilhelm Filchner, mit einem Schiff in die Weddell-See, einem der tiefen Einschnitte des Meeres in den Südpolarkontinent, einzudringen und von einer möglichst weit polwärts gelegenen Basis in das Innere der Antarktis vorzustossen.

Den Hauptgegenstand der Tagesordnung bildet ein Vortrag des Herrn Prof. Dr. Wilhelm Sievers (Giessen) über seine kürzlich ausgeführte Reise in Nord-Peru und Süd-Ecuador, insbesondere im Quellgebiet des Amazonas-Marañon. Nachdem von Hans Meyer, Hauthal und anderen die Spuren einer früheren viel stärkeren Vergletscherung in vielen Teilen des gewaltigen südamerikanischen Andenzuges verfolgt worden sind, bestand vor allem noch eine Lücke in Nord-Peru und dem südlichen Grenzgebiet von Ecuador. Die Schliessung dieser Lücke war der Zweck der Forschungsreise, die der Redner im Februar 1909 antrat, um im November desselben Jahres wieder nach Deutschland zurückzukehren. Da die wissenschaftlichen Ergebnisse noch nicht bearbeitet sind, soll der Vortrag nur einen vorläufigen Bericht über Land und Leute geben. Von dem wüstenhaften Küstenland Perus mit kahlen Felsbergen und gewaltigen Sanddünen, mit Kulturen von Baumwolle, Zuckerrohr und Reis an den Flüssen, wurden die Zuhörer hinaufgeführt in die Anden. In der Provinz Ancachs sind zwei westliche Hauptketten zu unterscheiden, näher der Küste die niedrigere Cordillera negra, dahinter die mit gewaltigen Schneebergen besetzte Cordillera blanca. Diese bildet die Wasserscheide zwischen dem Stillen und dem Atlantischen Ozean; denn von ihrem Osthang strömt alles Wasser dem Amazonenstrom zu, der bekanntlich hier in seinem Oberlauf den Namen Marañon trägt. Zwischen den beiden Cordilleren führt uns das Längstal des Santa-Flusses hinauf, das in seinem oberen Teil mit mächtigen glacialen Bildungen angefüllt ist. Manche der gezeigten Bilder gaben eine Anschauung von der mit der Höhe sich ändernden Pflanzenwelt. Kakteen gehen bis Meereshöhe von 3000 Metern hinauf, bis zur selben Höhe wird Weizen gebaut, darüber hinaus noch Gerste und Kartoffeln. Darüber hinaus finden wir weite baumlose Hochflächen, die Puna, über die von Osten her der sturmartige Passat die Wolkenfetzen fegt. Hier in den äussersten, so unwirtlichen Höhen liegt aber der gewaltige Erzreichtum dieses Landes begraben. Die meisten Bergwerke befinden sich in Höhen über 4500 Meter, also in der Gipfelhöhe der grössten Alpenriesen Europas. Die Schmelzhütten liegen in etwas geringerer Höhe. Doch auch hier ist die Beschaffenheit des nötigen Brennmaterials nicht leicht. Ein unserer Weide äusserlich ähnlicher Baum, der an geschützten Stellen bis zur Höhe von 4600 Metern vorkommt, ist grösstenteils ausgerottet. Im Gebirge finden sich zwar auch recht ansehnliche Kohlenlager, aber die Kohle ist von geringer Güte und brennt schlecht. Häufig sieht man hier Züge von 50 und 70 Lamas hintereinander das Erz auf dem Rücken die Bergpfade hinuntertragen, andere Herden abseits des Weges weiden. Je höher man in die Cordillere hinaufkommt, desto deutlicher und frischer werden die Anzeichen, dass auch hier die Vergletscherung des Gebirges in vergangenen Zeiten viel weiter hinabgegangen ist. Vom Eis gerundete Felsbuckel und mit parallelen Schrammen versehene Felsflächen beweisen unzweifelhaft, dass einst das Eis über diesen Boden dahingegangen ist. Ebenso wie in anderen früher vergletscherten Gebirgen finden wir hier Talstufen und Seen, die, durch Felsriegel gestaut, die vom Eis ausgeschürften Wannen ausfüllen, und insbesondere unterhalb der heutigen Gletscher sind noch Stirn- und Seitenmoränen einer zurückliegenden Zeit vorzüglich in ihrer Form erhalten. So führte der Redner in Wort und Bild seine Zuhörer in die Eis- und Schneeregion hinein, zeigte ihnen aus der Nähe die steil herabhängenden Gletscher und darüber die eisgepanzerten Bergriesen, von denen der höchste, der Huascan, 6700 Meter erreicht. Dann ging es hinüber über den Pass zum Quellgebiet des Amazonas, dessen Kartenbild der Verfasser berichtigt hat. Es gewährte ein eigenartiges Interesse, den gewaltigsten Tieflandstrom der Erde, der die Wasser eines halben Kontinents sammelt, in seinen Anfängen im öden Schuttal zu schauen, seinen Weg durch eine Reihe kleiner Hochalpenseen zu verfolgen und den schon kräftiger werdenden Fluss noch ein Stück das gewaltige Längstal hinunter zu begleiten, in dem er zwischen den Andenketten weit nach Nordwesten fliesst, ehe er die inneren Andenketten durchbrechend, sich ostwärts zum brasilianischen Tiefland wendet.

337. Sitzung. 9. Mai 1910.

Vorsitzender: Dr. W. Oehrens.

Der Vorsitzende gibt Kenntnis von der Gründung der „Serbischen geographischen Gesellschaft in Belgrad“ unter Vorsitz des bekannten Professors Jovan Cvijic. Zweck der Gesellschaft ist einerseits die Förderung der wissenschaftlichen Geographie im weitesten Umfang, andererseits die der Balkan-Halbinsel im Speziellen. Das Organ der Gesellschaft wird eine vom 1. Januar 1911 ab vierteljährlich erscheinende Zeitschrift bilden.

Darauf berichtet Herr Prof. Dr. G. Schott über das neue Ozeanographische Museum in Monaco und über die meereskundlichen Verhandlungen, zu den sich aus Anlass seiner Eröffnung zu Ostern a. c. die Fachgelehrten vieler Länder zusammengefunden hatten. Unter den grossen Aufgaben, an die man herantreten will, steht in erster Linie eine auch in die Tiefe gehende genaue Untersuchung des Atlantischen Ozeans, die auf einigen Schiffahrtsstrassen in etwa vierteljährlichen Terminen stattfinden soll. Es ist zu hoffen, dass das Unternehmen Verständnis und bereitwillige Förderung in Schiffahrtskreisen finden wird.

Alsdann hält Herr Prof. Dr. Fülleborn den angekündigten Vortrag über die Südsee-Expedition der Hamburgischen Wissenschaftlichen Stiftung 1908/09 und führte ungefähr Folgendes aus: Vor zwei Jahren entsandte die Hamburgische Wissenschaftliche Stiftung eine Expedition nach der Südsee, die in ihrem ersten Abschnitt im Bismarck-Archipel und in Deutsch-Neuguinea, im zweiten auf den Karolinen je ein Jahr völkerkundlich arbeiten sollte. Während sie hier noch gegenwärtig unter Führung von Prof. Krämer tätig ist, hat der Redner die Expedition im Bismarck-Archipel und in Neuguinea geleitet. Am 8. Juli 1908 verliess die Expedition auf dem für den Zweck sehr geeigneten 700—800 Tonnen grossen Hapagdampfer Peiho den Hafen von Hongkong, um ihrem nächsten Ziele, Simpsonhafen auf Neupommern, zuzudampfen. Hierher ist jetzt der Sitz des Kaiferlichen Gouvernements verlegt worden. Der Grund, weshalb man Herbertshöhe als Regierungssitz aufgegeben hat, ist vor allem der Mangel eines geschützten Hafens, während Simpsonhafen einen vorzüglichen Ankerplatz liefert. Der Kaiserliche Gouverneur Dr. Hahl brachte der Expedition lebhaftes Interesse entgegen und unterstützte sie in jeder möglichen Weise. Er gab ihr auch zwölf seiner Polizeisoldaten mit, so dass sie mit ihren sonstigen Hilfskräften über neunzehn bewaffnete Melanesier verfügte. Wie die Erfahrung lehrte, war diese Schutzmannschaft keineswegs unnötig gross. Bei drei Gelegenheiten wurde die Expedition von den kriegerischen Eingeborenen angegriffen, wobei zwei Expeditionsmitglieder verwundet wurden. Auf die neuzehn schwarzen Kerle konnte man sich verlassen. Nicht weil sie besser gewesen wären als ihre wilden Brüder — die meisten waren wahrscheinlich ebenfalls Kannibalen, wenn auch verschämte und zurzeit inaktive —, aber sie konnten sicher sein, erschlagen und beim Siegesschmaus verzehrt zu werden, wenn die Expedition in einem Gefecht unterlag, und das bildete einen guten Kitt, der sie an die Expedition band. Unter den wissenschaftlichen Problemen stand obenan die Frage nach Herkunft und gegenseitiger Verwandschaft der zahllosen Völker und Völkchen, die diese Inseln in einem wahren Chaos bewohnen. Anhaltspunkte, um Einsicht in diese höchst komplizierten Verhältnisse zu gewinnen, bietet einmal die Untersuchung der Sprachen und Sitten und des gesamten materiellen Kulturbesitzes. Hieraus ersehen wir, wie die verschiedenen Volksstämme kulturell voneinander beeinflusst sind. Aber Verwandschaft des Kulturbesitzes ist noch keineswegs identisch mit physischer Verwandtschaft. Denn Völker wechseln Sprache und Kultur unter fremdem Einfluss oft sehr schnell. Daher muss die Untersuchung der Körperbeschaffenheit hinzutreten, und neben den ethnologischen Untersuchungen tritt als gleichwertiger Faktor die Anthropologie in ihr Recht.

Merkwürdige Verhältnisse bietet in verschiedener Beziehung gleich das zuerst von der Expedition näher untersuchte Gebiet, der St. Matthias-Archipel. In der Bevölkerung sind offenbar zwei ganz verschiedene Elemente vertreten, die negerähnlichen, schwarzen und kraushaarigen Leute der südlich davon liegenden Inseln und die nördlich von St. Matthias wohnenden, weit hellfarbigeren Mikronesier mit schlichterem oder welligem Haar. In der Kleidung finden sich Beziehungen zu den westlich benachbarten Admiralitätsinseln. Doch kennt man das hier gebräuchliche Mattensegel nicht auf St. Matthias, sondern benutzt ausschliesslich Ruderboote, die ähnlich denen des südlich benachbarten Neumecklenburg sind. Umgekehrt findet man als offenbar recht junge Errungenschaft den mikronesischen Webstuhl vor, der auf den Admiralitätsinseln fehlt. Nach der Untersuchung der St. Matthias-Gruppe und der Admiralitätsinseln sind dann insbesondere die verschiedenen Kulturprovinzen von Neupommern, der grössten Insel des Bismark-Archipels, genau studiert und gegeneinander abgegrenzt worden, und zwar nicht nur in den Küstenbezirken, sondern zum Teil auch im Innern. Es ist der Expedition gelungen, die langgestreckte Insel an zwei Stellen zu durchqueren und uns damit zum ersten Male zuverlässige Nachrichten über das urwaldbedeckte Innere zu geben. Auch das schon vermutete Vorkommen einer kleinen Menschenrasse ist festgestellt worden. Zwar hat die Expedition diese Pygmäen nicht selbst gesehen, sondern hat nur ihre kleinen Schädel von den Kopfjägern der Küste bekommen. Der Schluss dieses ersten Jahres war der Erforschung von Deutsch-Neuguinea gewidmet. Auch hier konnte die Expedition dank ihrer bewaffneten Macht und ihres eigenen Schiffes viele bisher noch ganz unbekannte Gebiete aufsuchen, wo noch viel ursprünglicher, von der Zivilisation noch gar nicht angegriffener Kulturbesitz zu finden war. So sind aus allen untersuchten Gebieten reiche Schätze der Wissenschaft gerettet worden, da alles Ursprüngliche immer mehr durch die vordringende fremde Kultur vernichtet wird. Am wertvollsten ist in anthropologischer Hinsicht die mitgebrachte Sammlung von 600 Schädeln. Herr Dr. Reche vom Hamburger Völkermuseum hat zahlreiche anthropologische Messungen ausgeführt und in vielen photographischen Aufnahmen die Körperbeschaffenheit dieser Stämme festgehalten. Auch der die Expedition begleitende Maler Herr Hans Vogel aus Hamburg hat eine Reihe sehr schöner Bilder von Eingeborenen angefertigt.[1]) Der Redner ging dann auf manche interessante Einzelheiten des zum Teil recht schwierigen Verkehrs mit den Eingeborenen ein, die bei der Annäherung des Schiffes mit aller wertvollen Habe zunächst die Dörfer verliessen, und mit denen man sich bei der Unzahl der Sprachen und Dialekte in dem umfangreichen Forschungsgebiete vielfach allein durch die Zeichensprache verständigen konnte.

Die vorzüglichen, grossenteils farbigen Lichtbilder, die der Redner während seines Vortrages zeigte, veranschaulichten insbesondere gut auch die weiteren Bemerkungen über die Landesnatur und die Beobachtung geographischer Erscheinungen. Niedrige, flache, mit Kokospalmen bestandene Koralleninseln, die gebirgige, bis zur Spitze aus Korallenkalk bestehende Matthiasgruppe wurde gezeigt, ebenso wie Ansichten von den vulkanischen Inseln, unter denen Bilder vom Geiserfeld bei Hannamhafen auf Neupommern besonderes Interesse erregten. Der grosse Strom Neuguineas, der Kaiserin Augusta-Fluss, den man 400 Kilometer weit hinauf verfolgen konnte, wurde durch mehrere Bilder veranschaulicht, ebenso manche Charakterpflanzen, wie die Mangrove, die himmelhohen Eukalyptusbäume und die Dickichte des wilden Zuckerrohrs. Den Beschluss machten Bilder, die sich auf das Leben und Treiben der Eingeborenen bezogen. Merkwürdig ist die Jagd auf Vögel mit einem viele Meter langen Blasrohr sowie das Fischen durch eine Angelschnur, die an einem hoch über dem

[1]) Herr Hans Vogel bereitet eine von ihm verfasste und reich illustrierte Beschreibung der Reise vor, die voraussichtlich im November 1911 erscheinen wird.

Wasser stehenden Drachen befestigt ist. Die grossen Pfahlhäuser mit mächtigen Giebeldächern, Kleidung, Schmuck und Maskentänze und manches andere wurde gezeigt. Die Deformierung des Schädels, dem beim Säugling durch Binden dauernd eine nach hinten langgestreckte Form beigebracht wird, verursacht unser Erstaunen und Kopfschütteln. Aber wir sollten bedenken, dass sich die unheilvollsten Moden der Körperverunstaltung nicht bei den Naturvölkern, sondern bei den Hochzivilisierten finden; bei den Chinesen die Verkrüppelung des Fusses und bei den Europäern das Korsett. — Die Ausführungen des Redners fanden den reichen Beifall der Versammlung.

338. Sitzung. 13. Oktober 1910.

Vorsitzender: Senator Westphal.

Der Vorsitzende eröffnet die Sitzung mit einer grösseren Anzahl von Mitteilungen über neuere, geographisch wichtige Begebenheiten während der viermonatigen Sommerpause. Insbesondere gedenkt er in einem warm empfundenen Nachruf des am 17. September nach langem Leiden im 65. Lebensjahre vorstorbenen Professor der Geographie in Marburg, Theobald Fischer. Der Verstorbene gehörte seit dem 6. März 1898 unserer Gesellschaft als Ehrenmitglied an und führte für sie im Jahre 1901 seine dritte Forschungsreise im Atlas-Vorlande von Marokko aus, deren wissenschaftliche Ergebnisse im Jahre 1902 im 18. Bande der Mitteilungen der Geographischen Gesellschaft in Hamburg publiziert worden sind. Fischer war ursprünglich Historiker und promovierte auch als solcher 1868 in Bonn. Während der darauf folgenden 8 Jahre führte er Reisen in Südeuropa, im Orient, Tunesien und in Algerien aus, auf denen er zum „Geographen der Mittelmeerländer“ wurde. Er habilitierte sich 1876 in Bonn mit einer Arbeit betitelt: „Beiträge zur physischen Geographie der Mittelmeerländer, besonders Siziliens“. Drei Jahre später veröffentlichte er seine „Studien über das Klima der Mittelmeerländer“ und wurde gleichzeitig (1879) zum ordentlichen Professor für den geographischen Lehrstuhl der Universität nach Kiel berufen, den er bereits 1883 mit dem von Marburg vertauschte. Hier hat er bis zu seinem Tode gewirkt und neben seiner segensreichen Lehrtätigkeit durch wiederholte Reisen in Marokko ausserordentlich viel zur Bereicherung unserer Kenntnis der Mittelmeerländer beigetragen. Ausser den bereits genannten Veröffentlichungen Fischers seien noch folgende wichtigeren genannt: Die Dattelpalme, ihre geographische Verbreitung und kulturhistorische Bedeutung (1881). — Sammlung mittelalterlicher Welt- und Seekarten italienischen Ursprungs (1881). — Raccolta di mappamondi e carte nautiche di origine italiana del secolo XXIII. al secolo XVI. (1883). — Beiträge zur Geschichte der Erdkunde und der Kartographie in Italien im Mittelalter (1886). — Die drei südeuropäischen Halbinseln (Kirchhoff's Länderkunde von Europa. 1891 bis 1892). — Marokko (1899). — La Peninsola italiana (Turin 1902). — Mittelmeerbilder (Leipzig 1906) und Mittelmeerbilder, Neue Folge (Leipzig 1908), zwei Werke, in denen Fischer hauptsächlich seine in Zeitschriften zerstreuten Aufsätze vereinigt hat, und die auch vieles für den Laien

Interessante enthalten. Mit Theobald Fischer ist ein Mann unserer Wissenschaft von nicht so leicht zu ersetzender Bedeutung aus dem Leben geschieden.

Am 3. September a. c. ist der Präsident der Geographischen Gesellschaft in Lissabon, Herr Prof. Z. Consigliere Pedroso gestorben.

Das Ehrenmitglied unserer Gesellschaft, Herr Geheimer Regierungsrat Prof. Dr. Hermann Wagner in Göttingen hat am 23. Juni a. c. seinen siebenzigjährigen Geburtstag gefeiert. Einige Tage vorher ist im Ruhmessaal der Göttinger Universitäts-Bibliothek seine von Prof. Adolf von Donndorf in Stuttgart gefertigte Marmorbüste in feierlichem Akt aufgestellt worden. Zu den Kosten hat auch unsere Gesellschaft beisteuern können, wofür Prof. Wagner in einem vom Juli datierten Briefe aufs wärmste dankt.

Am 3. Juni ist Dr. Charcot mit seinem Expeditionsschiff „Pourquoi pas" aus der Antarktis nach Frankreich zurückgekehrt. Der Vorstand hat ihn telegraphisch zu seinen Erfolgen und wohlbehaltenen Rückkehr beglückwünschen lassen. Inzwischen ist bereits ein vorläufiger Bericht über den Verlauf und die wissenschaftlichen Ergebnisse der Expedition (1908—1910) erschienen. Derselbe ist auf dem Tisch des Hauses niedergelegt.

Die Innerafrika-Expedition des Herzogs Adolf Friedrich zu Mecklenburg hat am 29. Juli den Hafen von Victoria in Kamerun erreicht und die Reise über Sanct Thomé nach dem Congo fortgesetzt.

Mit Unterstützung hamburgischer Freunde der geographischen Forschung und der Hamburgischen Wissenschaftlichen Stiftung ist Herr Leo Frobenius, Führer der Deutschen Innerafrikanischen Forschungs-Expedition, am 26. September a. c. zum dritten Male nach Afrika aufgebrochen, um von Lagos aus durch Nigerien via Niger-Benuë und Nord-Kamerun zum Tsad-See vorzudringen.

Die von der Hamburgischen Wissenschaftlichen Stiftung auf dem Dampfer Peiho nach der Südsee gesandte Expedition, die während des 2. Jahres von Prof. Krämer befehligt wurde, ist mit der Rückkehr des Dampfers Peiho nach Honkong am 22. Juni beendet worden. Herr Prof. Krämer hat inzwischen die Stellung als Direktor des Linden-Museums in Stuttgart angetreten.

Auf dem Gebiete der politischen Geographie ist der im August a. c. stattgehabten Einverleibung Koreas in die japanischen Kolonien unter dem Namen „Chosen" Erwähnung zu tun.

Den Hauptgegenstand der Tagesordnung der heutigen Sitzung bilden zwei Berichte über den diesjährigen Internationalen Geologen-Kongress in Stockholm und die von ihm veranstalteten Exkursionen. Zunächst spricht Herr Oberlehrer Dr. P. Schlee über „Lappland und die Ausnutzung seiner Eisenerzvorräte und Wasserkräfte". Der Redner betont, dass der heutige Bericht, um Hand und Fuss zu gewinnen, einige bestimmte Gegenstände herausgreifen müsse, die allgemeines und besonders auch geographisches Interesse böten. Ausgehend von einigen Mitteilungen über das hochwichtige, vom Kongress veranlasste und durch die Mitarbeit zahlreicher Gelehrten aller Nationalitäten zustande gekommene Werk über

Eisenerzvorräte der Welt, schilderte er dann unter Vorführung von Lichtbildern das in seiner Art grossartigste Eisenerzvorkommen, die Erzberge Lapplands. Unreinere Eisenerze liegen in unerschöpflichen Mengen im Schosse der Erde, recht beschränkt ist dagegen das Vorkommen von sehr hochprozentigen Erzen, d. h. solchen, die aus fast reinem Eisenoxyd ohne wesentliche Beimengungen von anderen Mineralien, wie z. B. Kalk oder Quarz, bestehen. Die bekannten Vorräte von Erzen, die mehr als 60 Prozent Eisen enthalten, betragen etwa 1300 Millionen Tonnen, und vier Fünftel dieser Masse finden sich in Lappland. Die grössten und berühmtesten der dortigen Erzlager, die von Gellivara und Kiiruna, sind zwar seit dem 17. Jahrhundert bekannt, haben aber bis vor kurzem fast unbenutzt gelegen inmitten einer menschenarmen, fast nur von nomadischen Lappen durchstreiften Moor- und Waldwildnis. Trotz wiederholter Bemühungen wollte früher die Ausnutzung der Lager auch aus dem Grunde nie recht in Gang kommen, weil die Erze infolge ihres hohen Phosphorgehaltes ein kaltbrüchiges, wenig beliebtes Eisen lieferten. Erst die Erfindung des Thomasverfahrens im Jahre 1871, mit dem es gelingt, auch aus phosphorreichem Roheisen einen fast phosphorfreien Stahl herzustellen, liess auch die lappländischen Erze begehrenswerter erscheinen. Es fehlte bald nicht an Bemühungen, sie dem Weltmarkt näher zu bringen. Schliesslich kam es zum Bau der Lapplandbahn, mit der die Erze seit 1892 zum Bottnischen Meerbusen und nach Vollendung der Bahn bis Narvik am Ofotenfjord, seit 1899 von Kiiruna auch zur Küste des Atlantischen Ozeans gebracht werden. Bis zum Jahre 1908 sind aus Lappland 25 Millionen Tonnen Erz verschifft worden, und drei Viertel dieser Menge sind nach Deutschland gegangen. Der Kiirunavara ist der bei weitem grossartigste Magnetberg der Welt. Etwa acht Kilometer weit erstreckt sich die steilstehende und im Bergkamme des Kiirunavara und Luossavara zutage tretende Erzplatte, die durchschnittlich etwa 100 Meter dick ist. Auf das bequemste kann das Erz auf einer Reihe von Abbaustufen, die sich am Berghang hinziehen, gebrochen und nach unten hin in die Eisenbahnwagen gestürzt werden, die es in langen schweren Zügen nach Narvik hinüber bringen. Der Vortragende macht sodann Mitteilungen über die klimatischen Schwierigkeiten, die besondere Vorkehrungen erheischen, und über die schnelle Entwicklung der jungen Bergarbeiterstadt Kiiruna, die heute schon 8000 Einwohner zählt.

Im Kataraktengebiet des Luleelf lernte der Vortragende auf einer von Professor Hamberg geführten Exkursion einen anderen Schatz Lapplands, seine gewaltigen Wasserkräfte, kennen, u. a. den mächtigsten Fall des Landes, den Harsprang.

In diese einsamen Gebiete, in deren unendlichen Wäldern noch ungeheure Holzvorräte fast ungenutzt vermodern, dringt gerade jetzt die Technik hinein, gerade jetzt gehen die Wasserkräfte Lapplands ihrer Erweckung entgegen. Im Juni dieses Jahres hat der schwedische Reichstag 21½ Millionen Kronen bewilligt, mit denen an den Porjusfällen des Luleelf ein elektrisches Kraftwerk von 50000 Turbinenpferdestärken gebaut werden soll, sowie die dazu nötige Bahn von Gellivara nach Porjus. Die Kraft soll mit einer elektrischen Leitung nach Kiiruna übertragen und damit der elektrische Betrieb auf der Erzbahn von Kiiruna bis zur norwegischen Grenze eingerichtet werden. Damit ist dann ein Anfang gemacht. Weitere Nutzbarmachung der lappländischen Wasserkräfte wird folgen, die die Kraft hergeben werden für neue elektrische Bahnen und für industrielle Anlagen. Möglich ist es auch, dass in nicht zu ferner Zukunft elektrische Hochöfen und Stahlwerke am grössten Erzberg der Welt stehen und die bisher unverhüttet exportierten Erze verarbeitet werden, gespeist durch die Wasserkräfte der lappländischen Flüsse.

Dann spricht Herr Professor Dr. Gürich über „die eiszeitlichen Erscheinungen in Skandinavien und auf Spitzbergen." An der Hand von Lichtbildern, die teils den Exkursionsführern entnommen, grossenteils aber von den Photographen der Spitzbergen-Exkursion herrühren, geht er kurz auf die Ausbreitung der grossen nordischen Vergletscherung oder der Inlandeismassen der Diluvialzeit ein, erörtert ihre Spuren auf skandinavischem Boden und betont namentlich die auffällige Eigentümlichkeit, dass in der Hauptphase der Vereisung die Eisscheide in Skandinavien nicht mit der heutigen Wasserscheide zusammenfiel, sondern viel weiter östlich lag, in einem Gebiet, das jetzt dem Flachlande angehört. Nachweisen kann man diese Tatsache durch Berücksichtigung der Rundhöcker, des Geschiebetransportes, der Richtung der Gletscherschrammen und durch ein genaues Studium der bei der Abschmelzung des Eises sich bildenden Stauseen, die westwärts von der Schneescheide entstanden und nach Westen über die Berge entwässert wurden.

Ausführlicher werden die Gletscher Spitzbergens und besonders die des Eisfjords besprochen und durch zahlreiche, zum Teil sehr gute Diapositive nach Photographien von Haldin erläutert. De Geer, der Führer der Exkursion, hatte den Eisfjord 1882, 1896, 1908 und nun 1910 besucht und besonders die Veränderungen der Gletscher festgestellt. Von besonderem Interesse ist es, dass die Gletscher der Ostseite des Eisfjords geringe Veränderungen erkennen liessen, während von zwei Gletschern der Westseite der eine, der Wahlenberg-Gletscher, in zwölf Jahren sechs Kilometer vorgerückt, ein benachbarter Gletscher in derselben Zeit um vier Kilometer zurückgewichen ist, nachdem er vorher in noch kürzerer Zeit sechs Kilometer vorgerückt war. Daraus ergibt sich, dass die individuellen Verschiedenheiten der Gletscher hierbei massgebend sind. Ferner wurden die Tiere und namentlich die Pflanzenwelt aus der Umgebung der Gletscher verglichen mit denen aus den Ablagerungen des Diluviums bei uns, z. B. aus dem Torfe des Schulauer Elbufers. Ausgebreitete Moränen, hochgelegene Standterrassen und Muschelbänke mit jetzt dort ausgestorbenen Arten, z. B. der Miesmuschel, lassen ein allgemeines Zurückweichen der Gletscher, eine Änderung der Meereshöhe und darauf eine Verschlechterung des Klimas in letzter Zeit erkennen. Im allgemeinen machen alle diese Erscheinungen den Eindruck des Jugendlichen. Es scheint nicht viel Zeit vergangen zu sein seit der grössten Ausdehnung der Vereisung. Zu demselben Schlusse gelangen auch die schwedischen Geologen bei der Untersuchung der postglazialen Bildungen in Skandinavien. Nach De Geer sind die Blättertone der Schmelzwasserseen Jahresringen vergleichbar, sie lassen sich in

Beziehung setzen zu den Rückzugsendmoränen, die je einem Jahre entsprechen. In manchen Gegenden kann man erkennen, dass der Saum der Inlandeismassen in drei Viertel Jahren um ein Kilometer zurückgewichen ist. Daraus zieht De Geer den Schluss, dass in Mittelschweden seit dem Zurückweichen des Eises etwa 7000 Jahre vergangen sind. Nach Schmelzwasserstauseen breitete sich das Meer von Westen aus über Mittelschweden aus, das sogenannte Yoldiameer. Schonen und die dänischen Inseln waren mit dem Festlande verbunden. Darauf folgt der Abschluss des baltischen Beckens nach Westen, ein Binnenbecken mit der Ancylusfauna am Ufer, erkennbar durch Strandwälle in Gotland und an der benachbarten Küste, entsteht darauf. Es erfolgt ein nochmaliger Meereseinbruch, das Litorinameer, mit Strandwällen usw. Die wechselvollen Vorgänge werden vom Vortragenden an der sogenannten Muntheschen Kurve erläutert. In der Hamburger Gegend haben diese Vorgänge sich in anderer, nicht so ausgeprägter Form geltend gemacht. Den Ergebnissen De Geers stellt sich der Vortragende skeptisch gegenüber. Die so scharf und mit kleinsten Werten rechnenden und zählenden Methoden der Schweden können wegen der sicher noch vorhandenen Fehlerquellen noch nicht Resultate von der genannten Genauigkeit ergeben. Trotz dessen ist diese Arbeit auf dem richtigen Wege, und man kann soviel annehmen, dass die letzte Vereisung nicht Hunderttausende von Jahren, sondern auch bei uns höchstens wenig mehr als zehntausend Jahre zurückliegt.

339. Sitzung. 3. November 1910.

Vorsitzender: Senator Westphal.

Nach Erledigung einiger geschäftlicher Mitteilungen hält Herr Regierungsrat Dr. Walther Busse vom Reichskolonialamt in Berlin einen durch Lichtbilder illustrierten Vortrag über seine Studienreise durch Turkestan und Buchara. Der Vortragende hat im Sommer 1909 im Auftrage des Reichskolonialamts Russisch-Zentralasien und Buchara bereist, um Baumwollbau und die Bewässerungstechnik, sowie deren Anwendung auf die einzelnen Kulturen zu studieren. Nach einleitenden Bemerkungen über die natürlichen Bedingungen — Klima, Boden und Wasserzufuhr — geht der Redner kurz auf die heutige Bevölkerung des Landes und einige geschichtliche Momente ein, deren Kenntnis zum Verstehen der kulturellen und ethnographischen Verhältnisse erforderlich ist. Besonderes Interesse verdient der teilweise schon vollzogene Übergang der transkaspischen Turkmenen vom Nomadentum zur Sesshaftigkeit; auch bei den Kirgisen Ostturkestans finden wir Anfänge zur Sesshaftigkeit, vom Halbnomadentum bis zur endgültigen Ansiedlung und zur regelmässigen Bestellung der eigenen Scholle. Der Reichtum Turkestans und seine hohe wirtschaftliche Bedeutung beruhen in erster Linie auf den Bewässerungseinrichtungen. Ohne jene ständige Wasserzufuhr durch die drei grossen Ströme Syr Darja, Amu Darja und Serafschan und ohne die schon in grauer Vorzeit entwickelte Bewässerungstechnik, deren sich die Eingeborenen meisterhaft bedienen, wäre das Land eine Wüste.

Den Höhepunkt erreicht die Intensität der Landeskultur in der Provinz Fergana, wo eine intelligente und kulturell hochstehende Bevölkerung durch die Natur in ausgiebigster Weise unterstützt wird. Trotz aller gewaltigen politischen Erschütterungen haben die dortigen Jadschiken sich ihre Eigenart und wirtschaftliche Kultur durch Jahrtausende bewahrt, was nunmehr den Russen zugute kommt.

Unter allen Produktionszweigen Ferganas spielt die Baumwollkultur die grösste Rolle. Heute sind die Russen bereits in der Lage, bei guter Ernte nahezu die Hälfte ihres gesamten Baumwollbedarfs (22 Millionen Pud) aus Turkestan, einschliesslich Buchara und Chiwa, zu decken. Keine andere europäische Nation befindet sich in dieser Hinsicht in auch nur annähernd gleich günstiger Lage. Eine verständige Eisenbahnpolitik hat zur Erweiterung des Baumwollbaus wesentlich beigetragen. Dieser befindet sich mit verschwindenden Ausnahmen in den Händen der Eingeborenen. In der Provinz Samarkand steht, abgesehen von den Kreisen Chodschent und Katta-Kurgan, der Getreidebau bei weitem an der Spitze der Produktion. Nächst dem Brotgetreide spielen Reis und Luzerne die Hauptrolle; Baumwolle tritt in der näheren Umgebung der Stadt Samarkand aus klimatischen Gründen zurück.

Der Vortragende erwähnt weiter die hohe Entwicklung des Feldgartenbaus, des Obst- und Weinbaus in dieser Provinz und betont, dass sich die dortige Methodik in manchen wichtigen Einzelheiten in Südwestafrika wohl mit Erfolg werde verwerten lassen. Sodann geht der Redner auf die Bestrebungen ein, neu erschlossene Bewässerungsgebiete Turkestans, so z. B. die „Hungersteppe" im Nordosten der Provinz Samarkand, mit russischen Kleinsiedlern zu kolonisieren. Nach den bisher in dieser Richtung erzielten Erfolgen kann sich der Vortragende von solcher Besiedlung wenig versprechen. Aus verschiedenen gewichtigen Gründen vertritt er die Ansicht, dass der wirtschaftlichen Zukunft des Landes am meisten gedient sein werde, wenn alle neu erschlossenen Bewässerungsoasen möglichst den Eingeborenen überlassen würden, die kulturell über dem Niveau des russischen Bauern stehend, vor allem die schwierige Irrigationstechnik völlig beherrschen, deren richtige Anwendung der alleinige Schlüssel zum wirtschaftlichen Erfolge in Mittelasien bedeute.

Bucharas Produktion kann nach Ansicht Busses noch erheblich verbessert und erweitert werden, wichtig sei allerdings u. a., dass die Niederungsgebiete des Emirats in der Wasserzufuhr besser gestellt würden als bisher.

In Transkaspien ist ebenfalls die Wasserfrage brennend geworden. Die bisherigen Rekonstruktionen der ehemaligen Stauweiher im oberen Murgabtale sind als nicht ausreichend für die geplanten Kulturarbeiten in der Oase Merw erkannt worden. Auch in der Achal-Teke-Oase fehlt es hier und dort am nötigen Irrigationswasser. Die Turkmenen werden daher bisweilen genötigt, vom Ackerbau zur Viehzucht überzugehen.

Oberleutnant Filchner, der bekanntlich demnächst eine Expedition zum Südpolarkontinent zu führen gedenkt, erhält sodann das Wort, um einiges über die Vorbereitungen zu seinem Unternehmen mitzuteilen. Bisher sind für die Expedition, deren Protektorat der Prinzregent Luitpold von Bayern übernommen hat, 700000 Mark zusammengebracht, worin der garantierte Reingewinn einer Lotterie eingeschlossen ist. Am vergangenen Sonnabend hat sich in Berlin ein Komitee gebildet, das weiter für die Zwecke der Expedition wirken wird. Im Januar 1911 wird das Expeditionsschiff, das zurzeit im Christianiafjord liegt, nach Hamburg kommen. Es ist ein norwegischer Robbenfänger von 530 Tonnen, ein Segler mit Hilfsmaschine. Das Fahrzeug hat eine dreifache Eishaut und hat sich im Eise wohlbewährt. Abgesehen von dem norwegischen Lotsen Jörgensen, der die Expedition begleiten und ihr mit seiner dreissigjährigen Erfahrung im Polareise voraussichtlich sehr gute Dienste leisten wird, werden alle Teilnehmer, deren die Expedition im ganzen 33 zählt, deutscher Nationalität sein, die Besatzung von Matrosen und Handwerkern sowohl wie die Schiffsoffiziere und der zahlreiche Stab von Gelehrten. Während der Redner die Gelehrten schon alle namentlich aufführen konnte, sind der Kapitän und der erste Offizier noch nicht bestimmt gewonnen. Nach der Taufe des Schiffes und Flaggenhissung, die in Hamburg erfolgen wird, nach seiner Ausrüstung mit all den unendlich vielen Gegenständen, die für das grosse Unternehmen notwendig sind — auch drei Automobilschlitten gehören dazu —, wird das Schiff den Hamburger Hafen im April des nächsten Jahres verlassen, um zunächst Bremen anzulaufen und von dort nach Buenos Aires zu segeln. Von dort wird es voraussichtlich im Oktober nach Südgeorgien gelangen, wo eine mit Instrumenten gut ausgerüstete Basisstation errichtet wird. Mitte November hofft man dann an die Eisgrenze in der Weddel-See zu gelangen. In diesem noch recht unbekannten Teil des Südpolargebietes wird es sich dann darum handeln, Land zu finden, zu landen, vorzudringen und hier von der Westantarktis aus die Beziehungen zur Ostantarktis festzustellen.

Dem lebhaften Beifall der Zuhörer gab der Vorsitzende in Worten Ausdruck, indem er die besten Wünsche für einen vollen Erfolg der kühnen Expedition daran knüpfte.

340. Sitzung. 1. Dezember 1910.

Vorsitzender: Dr. W. Oehrens.

Herr Legationsrat Dr. Franz Olshausen (Berlin) hält einen Vortrag, betitelt: Kultur und Wirtschaftsbilder aus dem Herzen Südamerikas (Paraguay und Matto Grosso). Der Vortragende beginnt mit dem Hinweis darauf, dass die Hamburger Geographische Gesellschaft alte Beziehungen zu Paraguay unterhalte, insofern als vor 27 Jahren gerade im Auftrage dieser Gesellschaft Dr. H. Toeppen nach Paraguay gereist sei. Seine vorzüglichen, später in den Publikationen der Gesellschaft niedergelegten Beobachtungen (Toeppen, Hundert Tage in Paraguay. Reise ins Innere. Paraguay im Hinblick auf deutsche Kolonisationsbestrebungen. Hamburg 1885) bildeten lange Zeit die einzig wirklich zuverlässige Informationsquelle über das damals noch ziemlich unbekannte Land. Nach einem kurzen historischen Überblick über die interessante und wechselvolle Geschichte der Republik und ihre derzeitige politische und wirtschaftliche Lage wies der Redner darauf hin, dass die Zukunft des Landes vor allem von der Verbesserung der Finanzen abhängig sei, die aber nur durch Nutzbarmachung der reichen Naturschätze, durch

Steigerung der Produktion der wertvollen Exportprodukte, nicht durch Aufnahme von Anleihen erreicht werden könne. Von der Hauptstadt Asuncion ausgehend führte der Vortragende die Zuhörerschaft dann auf verschiedenen Wegen durch die Republik. Das dichtest bevölkerte Gebiet lehnt sich an die einzig existierende Bahnlinie des Landes an, die von Asuncion nach dem Osten führt und zurzeit nach dem Paranáflusse zu ausgebaut wird, dort herrscht der kleinbäuerliche Betrieb auf Landwirtschaftsgütern mässigen Umfangs — Chacras — vor, wo der paraguayische Bauer seinen Mais, Mandioka und Tabak kultiviert. Die Erwähnung des Tabaks und seine Produktion bot Anlass auf die allgemein verbreitete Sitte des Rauchens bei den Frauen und auf diese überhaupt einzugehen. An den grossen Flussläufen herrscht die Waldausbeutung vor, und zwar am Paraná die Gewinnung von allerlei Hölzern zu Bau- und Tischlerzwecken, am Paraguay vor allem die Quebrachogewinnung und Quebrachoextrakt-Fabrikation.

Weiterhin entwarf der Redner ein Bild des landschaftlich äusserst reizvollen, ausgedehnten, zwischen den Flüssen gelegenen Innern, dessen westlicher Teil von grossen Estanzien mit gut entwickelter Viehwirtschaft eingenommen wird, während der Osten als das Zentrum der Produktion des Paraguaytees zu betrachten ist, der in diesem Lande eigentlich jegliches andere Getränk ersetzt. Fährt man den Paraguayfluss aufwärts, so trifft man ausser den schon erwähnten Quebrachoextrakt-Fabriken und den Holzschneidemühlen auch Saladeros und eine neuerdings von dem bekannten Dr. Kemmerich errichtete Fleischextrakt-Fabrik. Am Fluss entwickelt sich also ein ziemlich reges Leben, und das industrielle Gebiet reicht nach Norden bis nach dem brasilianischen Staate Matto Grosso.

Matto Grosso, ein immenses Gebiet von der dreifachen Grösse Deutschlands, ist noch wenig erschlossen. Nur auf dem Flusswege zugänglich und von dem kultivierten brasilianischen Küstengebiet nur auf dem riesigen Umwege über den La Plata erreichbar, führt dieser Staat ein von dem sonstigen Staatsleben Brasiliens ziemlich gesondertes Dasein. Matto Grosso heisst: grosser oder dichter Wald, doch hat der Name eigentlich nur für den Norden, der den Oberlauf der grossen Nebenflüsse des Amazonenstroms umfasst, Berechtigung, dort wird vor allem Gummi gewonnen. Im übrigen zerfällt Matto Grosso in das feldreiche Hochplateau, chapada genannt, das sich über das Zentrum und den Osten erstreckt und sich in besonderem Masse für Viehzucht eignet, und in das um den Paraguaystrom und seine Zuflüsse gelegene Niederungsgebiet, die baixada, das einen grossen Teil des Jahres unter Wasser steht. — Im Süden finden sich auch die wenigen eigentlichen Städte, die ihre Entstehung in den vorigen Jahrhunderten dem Vorkommen von Mineralien, insbesondere Gold verdanken. Die Goldgewinnung hat sich aber in letzter Zeit als wenig rentabel erwiesen. Als Hauptstadt, Sitz der Regierung und der Kirchenbehörde steht der Stadt Cuyabá die grössere Autorität zur Seite. Kommerziell wird aber Cuyabá von Corumbá überflügelt, das noch Dampfern von 1000 Tons zugänglich ist und als Schlüssel für Matto Grosso gelten kann, überdies als Umschlagsplatz für den Handel aus und nach dem östlichen Bolivien eine Rolle spielt.

Der Redner ging dann auf die hohe Bedeutung der Bahn ein, die sich zurzeit in Bau befindet, Corumbá mit den brasilianischen Küstenstaaten verbinden soll und somit eine völlige Umgestaltung der Verhältnisse Matto Grossos mit sich bringen wird. Schliesslich wurde die Frage der zukünftigen Bedeutung des zentralen Süd-Amerika und der wirtschaftlichen Betätigung Deutschlands in jenen Gebieten erörtert. Nach Aussicht des Redners dringt zwar der deutsche Handel mit Riesenschritten vorwärts und schlägt durch geschickte Anpassung an den Geschmack und die Wünsche der Abnehmer die Konkurrenten aus dem Felde (seit 1907 steht z. B. Deutschland an der Spitze der Lieferanten für Paraguay, während bis dahin Grossbritannien am meisten importierte), aber in der Investierung von Kapitalien bleibt uns noch zu tun übrig. England und die Vereinigten Staaten regieren alle die grossen Verkehrsunternehmungen: die Eisenbahnen, die Strassenbahnen, Telephon- und Telegraphenlinien, die Harbour-Companies, die Flussschiffahrt, alles liegt in englischen und amerikanischen Händen. Deutsches Kapital dagegen beteiligt sich, von der freilich sehr starken Allgemeinen Elektrizitäts-Gesellschaft abgesehen, noch zu wenig an solchen Unternehmungen in Süd-Amerika. Wir sollten hieran auch schon deswegen denken, weil die Beherrschung solcher Verkehrsunternehmungen auch einen grossen moralischen Eindruck auf den Südamerikaner macht. Das hohe Ansehen der Engländer und Yankees beruht zum grossen Teil hierauf, und die Tatsache, dass der deutsche Kaufmann im Handel Vorzügliches leistet, kommt der verkehrbeherrschenden Stellung jener Nationen gegenüber nicht genügend zur Geltung. Insbesondere regte der Vortragende an, den weiteren Ausbau der erwähnten Bahn westwärts nach Bolivien hinein von deutscher Seite in die Hand zu nehmen.

Am Schlusse der einzelnen Abschnitte seiner Ausführungen zeigte der Redner im Lichtbilde schöne und lehrreiche Aufnahmen aus der Hauptstadt Asuncion, Volkstypen, Landschaften und wirtschaftlich Bemerkenswertes aus Paraguay, sowie Bilder von seinen Reisen in der Wildnis von Matto Grosso.

341. Sitzung. 5. Januar 1911.

Vorsitzender: Senator Westphal.

Der Vorsitzende erfüllt zunächst die traurige Pflicht dreier Männer zu gedenken, durch deren Hinscheiden in jüngster Zeit die Geographische Wissenschaft und Geographische Gesellschaft einen schweren Verlust erlitten hat.

Am 12. Dezember ist im 77. Lebensjahre der Vizeadmiral a. D. Freiherr von Schleinitz auf seiner Besitzung „Haus Hohenborn“ bei Pyrmont gestorben, der als Kommandant der „Gazelle“ die berühmte erste deutsche Tiefseeexpedition in den Jahren 1874/76 um die Welt geführt hat, nach der Rückkehr Vorstand des Hydrographischen Amts der Kaiserlichen Admiralität und dann nach erhaltenem Abschied von 1886 bis 1888 zwei Jahre Landeshauptmann von Neu-Guinea im Dienste der 1884 gegründeten Neu-Guinea-Kompagnie gewesen ist. Der Vorsitzende erinnerte an die mannigfachen sonstigen Beziehungen des Verstorbenen zur Geographischen Wissenschaft im Allgemeinen und der Berliner Gesellschaft für Erdkunde, deren zeitweiliger Vorsitzender er im Anfang der achtziger Jahre des vorigen Jahrhunderts gewesen. Auch gedachte er des schönen Festes, das die Geographische Gesellschaft in Hamburg am 11. Mai 1876 den Offizieren und Gelehrten der mit so reichen Erfolgen gekrönten Gazelle-Expedition bei ihrer Heimkehr gegeben hat.* Als Anfang Dezember 1881 von Seiten des Reichs eine deutsche Polarkommission im Systeme der internationalen Polarforschung eingesetzt und Hamburg als Vorort dieser Kommission bestimmt wurde, da wurde neben Neumayer, Nachtigal und Börgen auch Schleinitz in den Exekutiv-Ausschuss berufen.

Am 3. Januar hat, wie bekannt, die Geographische Gesellschaft im Verein mit der Abteilung Hamburg der Deutschen Kolonialgesellschaft am Petersenquai eine Trauerfeier veranstaltet bei der Überführung der Leiche des Major Dominik nach Berlin. Major Dominik ist der zweite Dahingeschiedene, dessen der Vorsitzende gedachte, indem er seine unvergänglichen Verdienste um unsere Kolonie Kamerun hervorhebt, in der er in 16jähriger Pionierarbeit mit heldenmütiger Tapferkeit und unermüdlicher Energie, mit Waffengewalt sowohl wie auf friedlichem Wege eine gewaltige Kulturarbeit gezeitigt hat.

Ganz besonders nahe berührt die Geographische Gesellschaft das frühe Hinscheiden eines dritten Mannes, eines hochverdienten Gesellschafts-Mitgliedes, des Kgl. Preussischen Gesandten Grafen Adolf von Götzen. Der Vorsitzende gibt einen Abriss seines Lebenslaufes, indem er dabei seine Beziehungen zur Geographischen Wissenschaft hervorhebt.

Nachdem der junge Götzen als Offizier Dienst im Gardekorps getan hatte und Botschafts-Attaché in Rom geworden war, unternahm er 1891 eine Jagdexpedition in das damals noch recht wenig erschlossene Kilimandjaro-Gebiet. Dieser Aufenthalt in den Tropen hatte es ihm angetan, und 1893 zog Götzen zum zweiten Male hinaus, um mit v. Prittwitz und Gaffron und Dr. Kersting eine Privatexpedition durch Afrika von Ost nach West zu unternehmen. Ein Hauptziel dieses Zuges, durch den sich Graf von Götzen einen hervorragenden Platz unter den Afrikareisenden erworben hat, war die Erforschung des nordwestlichen Gipfels von Deutsch-Ostafrika, wo das bis dahin kaum bekannte, sagenumwobene Königreich Ruanda durchquert und dann der Kivu-See und seine vulkanreiche Umgebung erkundet wurden. Von hier ging der Zug weiter durch den Kongostaat zum Atlantischen Ozean. Über diese glücklich und erfolgreich ausgeführte Durchquerung des schwarzen Erdteils hat Graf von Götzen selbst in einem vorzüglich geschriebenen Buche berichtet.

Später kehrte Götzen nach Deutsch-Ostafrika als Gouverneur dieser Kolonie zurück. Der Redner hob besonders die grossen Verdienste hervor, die Götzen sich durch tatkräftige Unterdrückung des Aufstandes im Jahre 1905 erworben hat, dem er zunächst für längere Zeit mit sehr geringen Kräften entgegentreten musste, ehe die Verstärkungen anlangten.

---

*) Siehe Mitteilungen der Geographischen Gesellschaft in Hamburg 1876—77 Seite 383ff.

Leider nur zu kurz ist des Grafen Tätigkeit als Preussischer Gesandter in Hamburg gewesen. Wer hier das Glück hatte, ihm näher zu treten, wurde von dem Zauber seiner Persönlichkeit erfasst. Er war nicht nur als Edler geboren, ein hoher Adel der Gesinnung erfüllte den ganzen Menschen. Trotzdem er stets mit seiner schwachen Gesundheit zu kämpfen hatte, hat er überall seine starke Energie und unermüdliche Pflichttreue bewiesen. Schlicht war sein Wesen, eine kindliche Fröhlichkeit verliess ihn auch in den Tagen schweren Leidens nicht. Viel zu zeitig ist Götzen aus diesem Leben abberufen. Dessen, was er der geographischen Forschung geleistet hat, wird die Geographische Gesellschaft stets dankbar gedenken, das Vaterland wird die hohen Verdienste nicht vergessen, die er sich um das Deutsche Reich erworben hat. Wer den Besten seiner Zeit genug getan, der hat gelebt für alle Zeiten. Zu Ehren der drei Verstorbenen erheben sich die Versammelten von ihren Sitzen.

Es wird dann, einem Antrage des Vorstandes entsprechend, beschlossen, 1000 Mark für die Deutsche Antarktische Expedition unter Führung von Oberleutnant Filchner zu bewilligen.

Nachdem der Vorsitzende hierauf noch einige Nachrichten über den Gang der Vorarbeiten für die Filchnersche Expedition gemacht und mitgeteilt hat, dass Dr. Erich Obst in Begleitung des Landwirts W. Gutsch am 10. Dezember an Bord der Gertrud Woermann die Forschungsreise angetreten hat, die er im Auftrage der Geographischen Gesellschaft in das Irangi-Gebiet in Deutsch-Ostafrika unternimmt, erhält Prof. Dr. Hermann Guthe (Leipzig) das Wort zu einem Vortrage über die Bedeutung der geographischen und archäologischen Forschungen in Palästina.

Das Heilige Land besitzt nur etwa eine halbe Million Einwohner und hat etwa die Grösse des Königreichs Bayern. Auf diesem kleinen Gebiet sind jedoch merkwürdige geographische Gegensätze entfaltet. Von West nach Ost folgen zunächst aufeinander wenig anziehende, schmale und flache Streifen am Mittelländischen Meer mit geradlinigem Küstensaum und Bergland mit allmählichem Aufstieg im Westen, aber steilem Abfall nach Osten zu dem gewaltigen Grabenbruch, in dem sich der Jordan mit seinen drei Seen befindet. Von hier gelangt man mit steilem Anstieg in ein Bergland, das dem Westjordanland ganz ähnlich ist, und schliesslich in die Wüste, die dem Kulturland Palästinas eine Grenze setzt. Die Breite dieses ganzen Gebietes vom Meer bis zur Wüste beträgt nur 120 Kilometer, das ist etwa die Entfernung von Hamburg bis Hannover. Die Erstreckung des Landes in die Nordsüdrichtung ist etwa die Dreifache.

Durch seine Lage ist dieses kleine Palästina zum Durchgangsland bestimmt. Es liegt zwischen den beiden grossen Mittelpunkten uralter Kultur, zwischen Ägypten im Südwesten und Babylonien im Nordosten. Der Redner führte weiter aus, wie das Land auch nach der Zeit Christi durchflutet worden ist von Menschenströmen, wie zunächst von Westen die Schar der Pilger kam, die nach dem berühmten Land der christlichen Welt wallfahrteten, wie der Islam es von Osten überflutete, dann die

Kreuzfahrer wieder von Westen ins Land drangen, denen es wieder die gegen das Abendland vordringenden Türken abnahmen. Seit der Mitte des vorigen Jahrhunderts kann man schliesslich von einem friedlichen von Westen nach Osten gerichteten Kreuzzuge reden, der mit den Waffen des Geistes kämpft.

Die geographische Erforschung Palästinas hat im Anfang des 18. Jahrhunderts begonnen. 1871/72 haben die Engländer den Anfang mit genauerer topographischer Aufnahme gemacht. Wir besitzen jetzt eine englische Spezialkarte des Westjordanlandes in 26 Blättern. Das Land östlich des Jordans hat der Deutsche Palästinaverein aufnehmen lassen, doch sind die Arbeiten noch nicht abgeschlossen und grossenteils noch nicht veröffentlicht. Der Theologe ist durch diese Karte nun in die Lage versetzt, zu den Erzählungen des Alten und Neuen Testaments die Örtlichkeiten genau anzuzeigen und sich eine klare Vorstellung von ihrer Umgebung und ihren räumlichen Beziehungen zu machen.

Eingehend auf die Einzelheiten der topographischen Gestaltung verweilt der Redner länger bei interessanten Ausführungen über das Jordantal und das Tote Meer, das in der tiefsten Depression des festen Landes etwa 400 Meter unter dem Meeresspiegel liegt, so tief, dass die ersten wissenschaftlichen Reisenden, die, wie zunächst 1837 Professor v. Schubert, mit dem Quecksilberbarometer dorthinkamen, gar nicht das Niveau feststellen konnten, da die Quecksilberkuppe gegen das Ende der Röhre stiess. Die alten Sagen sowohl, in denen das unwirtliche, unheimliche Tote Meer als eine Stätte des Gottesgerichts erscheint, wie auch die Ergebnisse der neueren geologischen Erforschung, um die sich besonders Professor Blankenhorn in Berlin-Halensee verdient gemacht hat, erfahren durch den Vortragenden eine nähere Beleuchtung. Dann wendet er sich einer Besprechung des Klimas zu. Man erhält den Eindruck, dass sich seit den Zeiten der alten Israeliten recht wenig geändert hat, die Bedingungen für Ackerbau und Viehzucht scheinen im wesentlichen dieselben geblieben zu sein. Sicherlich ist aber, wie uns so manche Hinweise in der Bibel lehren, dass das jetzt so ausserordentlich baumarme Westjordanland früher viel waldreicher gewesen ist. Der Wald ist hier gerodet worden, während im Ostjordanland noch bedeutende Waldmengen anzutreffen sind.

In Thaanach hat man Tontafeln von Gesangbuchformat mit babylonischer Keilschrift gefunden, aus denen hervorgeht, dass in alter Zeit (im 4. bis 12. Jahrhundert) die kleinen Herren Palästinas sich Briefe in dieser fremden Schrift gesandt haben. Daraus scheint sich die merkwürdige Tatsache zu ergeben, dass noch keine eigene Schrift vorhanden war und dass die phönizische Schrift, aus der ja alle neueren Alphabete abzuleiten sind, ein geringeres Alter besitzt.

Auch auf das rätselhafte Volk der Philister scheinen die Forschungen helleres Licht zu werfen. Bei den englischen und deutschen Ausgrabungen sind Tongefässe gefunden worden, deren Stil zweifellos der sogenannte mykenische ist, wie ihn u. a. zum Beispiel auch die Ausgrabungen in Troja uns bekannt gemacht haben. Auch manche anderen Gegenstände sind in dem Schutt Palästinas gefunden worden, die mit der semitischen

Kultur nichts zu tun haben, die wir vielmehr zu jener frühhellenischen stellen müssen. Auf ägyptischen Denkmälern ist die Rede von den aus dem Westen einbrechenden „Purasti“, mit denen auch Seeschlachten geschlagen worden sind. In den Bildern auf diesen Denkmälern sind diese Menschen im Gegensatz zu den Semiten besonders hellfarbig dargestellt, mit nicht semitischer Bewaffnung und fremdartigem Federkopfputz. Berücksichtigt man, dass im Ägyptischen stets r für l steht, so wird man auch dadurch auf das Volk der Philister geführt. Auf Kreta sind in letzter Zeit ausserordentlich wichtige Ausgrabungen gemacht worden, die insbesondere durch die Darstellung des Kopfputzes mit der Federkrone an die Purasti erinnern. Es scheint aus alledem der Schluss gezogen werden zu können, dass die Philister von Westen, aus der ägäischen Inselwelt gekommen sind und einem Volke angehören, das schon um 1300 v. Chr. eine hohe Kulturstufe angenommen hatte, eine viel höhere, als sie zu damaliger Zeit die Israeliten besassen.

Nachdem der Vortragende noch weiter über die Ziele der archäologischen Forschungen im Heiligen Lande, sowie für die Erwartungen gesprochen hatte, die man daran zu knüpfen berechtigt ist, wies er zum Schluss darauf hin, dass der Deutsche Palästinaverein für diese Zwecke nicht unbedeutender Mittel bedarf. Es ist zu hoffen, dass sich auch in Hamburg das Interesse noch mehr wie bisher seinen Arbeiten zuwendet und sich die Zahl der Mitglieder des Palästinavereins vermehrt.

342. Sitzung. 2. Februar 1911.

Vorsitzender: Senator Westphal.

Von den Hamburger Mitgliedern des grossen Komitees für die Filchner'sche antarkische Expedition ist Anfang Februar a. c. der folgende Aufruf an die Freunde geographischer Forschung gerichtet worden:

Deutschlands Teilnahme an der voranschreitenden Erforschung des Südpolargebietes ist ein nationales und wissenschaftliches Gebot geworden. Eine neue deutsche Südpolarexpedition ist in der Vorbereitung begriffen. Das Protektorat hat Prinzregent Luitpold von Bayern übernommen. Aufgabe der Expedition soll es sein, vom Weddell-Meer aus, einem der tiefen Einschnitte des Meeres in den Südpolarkontinent, soweit als möglich nach Süden vorzudringen, während eine englische Expedition von dem näher am Pole gelegenen Rossmeere aus einem verwandten Ziele zustrebt. Mit dem Vordringen ist eine Reihe wissenschaftlicher Untersuchungen verbunden, die für die Natur des grossen, unbekannten Gebietes, aber auch für ausserhalb der Antarktis gelegene bewohnte Erdstriche grundlegende Aufschlüsse versprechen. Die Expedition soll mit einem schon erworbenen und bewährten Eisschiffe im Frühjahr 1911 von Hamburg aus die deutsche Heimat verlassen und Anfang Oktober von Buenos Aires aus über Süd-Georgien nach dem Weddell-Meere vordringen. Leiter der Expedition ist der durch seine Forschungen in Tibet bekannte bayrische Oberleutnant Wilhelm Filchner, kommandiert zum Preussischen Grossen Generalstab.

Die Kosten des Unternehmens sind auf etwa 1400000 Mark veranschlagt. Zu ihrer Deckung haben die Regierungen der meisten deutschen Bundesstaaten die Veranstaltung einer Geldlotterie genehmigt. Der garantierte Reinertrag der Lotterie beträgt 540000 Mark. Daneben liegen Zeichnungen von Gönnern des Unternehmens in bedeutender Höhe vor. Zur Durchführung des Planes bedarf es jedoch noch weiterer beträchtlicher Mittel.

Das deutsche Volk hat nie gezögert, wenn es galt, einem bedeutsamen nationalen Werke seine Mitwirkung zu leihen. So wird es auch diesem kühnen und wohldurchdachten Unternehmen sein Interese zuwenden und seine so oft erprobte Opferwilligkeit aufs neue bekunden. Es besteht die zuversichtliche Hoffnung, dass gerade in Hamburg das Unternehmen besonders freudige Zustimmung und tatkräftige Hilfe finden wird, weil Georg von Neumayer, der als erster Direktor der Deutschen Seewarte hier mehr als 25 Jahre wirkte, in dieser ganzen Zeit den Gedanken der Notwendigkeit wissenschaftlich-praktischer Arbeit im Südpolargebiet seinen Zeitgenossen in nie versiegender Begeisterung vom nationalen Standpunkte aus an das Herz gelegt hat.

Im Vertrauen hierauf wenden sich die Unterzeichneten, die dem für die Expediton gebildeten Komitee angehören, an die hamburgischen Kreise und bitten um freundliche Einsendung von Beiträgen für die Expedition an das Konto „Südpolarexpedition" bei der Norddeutschen Bank in Hamburg.

Bürgermeister Dr. Predöhl. Bürgermeister D. Dr. Burchard. Bürgermeister O'Swald. Senator Westphal. Senator Dr. von Melle. Carl Bödiker. Chefredakteur von Eckardt. Dr. L. Friederichsen. Professor Dr. Gürich. Kontre-Admiral a. D. Herz. Dr. Hugo Krüss. Professor Dr. Passarge. Albert Polis. Professor Schott. Chefredakteur Dr. Trefz.

Infolge dieses Aufrufs waren am 4. März M. 62519,95 (inkl. der von Senat und Bürgerschaft bewilligten M. 20000) in Hamburg für die Filchner'sche Expedition gezeichnet worden.

Nach Erledigung einiger geschäftlicher Mitteilungen seitens des Vorsitzenden, erstattet der Kassierer Herr Senator Strandes die vom Revisor, Herrn Kommerzienrat Stoltz geprüfte Abrechnung für 1910 (siehe am Schluss dieser Sitzungsberichte). Der Vermögensbestand der Gesellschaft belief sich ultimo 1910 auf M. 17850,84. Die Zahl der Mitglieder betrug ultimo 1910: 737.

Dann hielt Dr. Hans Spethmann (Greifswald) einen Vortrag über seine beiden Forschungsreisen in Inner-Island.

Der Redner hatte im Sommer 1907 an der Island-Expedition teilgenommen, die von dem Berliner Privatdozenten Dr. W. von Knebel unternommen wurde, und deren Ziel ein kürzlich tätig gewesener grosser Krater, die Askja war. Da jedoch der Leiter der Expedition sowie der dritte Teilhaber, der Maler und Zeichner Max Rudloff, gleich am Anfang der Unternehmungen durch Ertrinken ums Leben kamen, so musste Dr. Spethmann die Forschungen allein fortsetzen. Fünf Wochen arbeitete er noch in der Askja, um sich dann dem anstossenden Nordland zuzuwenden, das in einer

Reihe von Routen erkundet wurde. War diese Expedition auch recht ergebnisreich, so hatte doch manches Ergebnis schnellen Schrittes gewonnen werden müssen, so dass eine teils ergänzende, teils erweiternde Reise dringend geboten schien. Diese wurde dem Redner durch die Unterstützung einer Reihe deutscher Universitätsprofessoren wie geographischer Institute im vergangenen Sommer ermöglicht.

Nachdem der Vortragende den Weg der beiden Expeditionen an einem Kartendiapositiv des nordöstlichen Islands erläutert hat, behandelt er an einer grösseren Anzahl von schönen und interessanten Lichtbildern die gemachten Beobachtungen. Unter den vulkanischen Erscheinungen steht die Askja im Vordergrund, die einen ausserordentlich grossen Einbruchskrater darstellt, der von steilen Rändern umgeben ist und dessen Boden von ziemlich ebenen Lavadecken gebildet wird. Besonderes Interesse bieten ferner die Schildvulkane, buckelförmige Lavaaufhäufungen mit ganz geringem Böschungswinkel. Das Magma muss bei seiner Eruption daher recht dünnflüssig gewesen sein. Auf der Spitze befindet sich in der Regel ein rundlicher Einbruchskessel. Die hervorgequollenen Lavamassen bieten Gelegenheit zum Studium einer Reihe kleiner sekundärer Krater, sogenannten Hornitos, von denen einige von verschiedener Form und Struktur vorgeführt werden. Da die Lava jeden Niederschlag verschluckt, so besitzt sie kein Wasser an der Oberfläche, sondern dieses sammelt sich in der Tiefe, um am Rande der Lavameere in grossen Quellhorizonten und ganzen Flüssen wieder zutage zu treten. Deshalb kann der Wind seine Kraft frei auf den Lavaflächen entfalten, er führt den feinen Verwitterungsstaub in Sandhosen und Sandschauern fort und lagert ihn am Rande der Lavaflächen wieder ab. Ein Teil des Staubes wird auch auf Firn und Eis geweht und ruft dort eine Reihe eigenartiger Schmelzformen hervor.

Von besonderem Interesse sind im Hinblick auf die durch die Eiszeit verursachten Bodenformen Norddeutschlands die Beobachtungen, die der Redner im nördlichen Randgebiet des grössten isländischen Inlandeises, des Vatnajökull, gemacht hat. Eine Reihe von Bildern zeigt den Stirnmoränenzug, der sich, ein gutes Stück vom sanftgeneigten Eisrand entfernt, in der Eismasse hinzieht. Andere Bilder veranschaulichen die Tätigkeit der Schmelzwasser, seine Strudelbildung in Spalten und die Ablagerung weiter Sandflächen vor dem Eisrand.

Dann spricht Bezirksgeologe Dr. L. Siegert (Berlin) über den Plan einer Luftschiff- und Automobilexpedition zur Erforschung der östlichen Sahara.

Die Ostsahara ist in einem Umfange von 1½ Millionen Quadratkilometern, d. h. der dreifachen Grösse des Deutschen Reiches, so gut wie unerforscht. Geographisch zerfällt sie in vier sich in Nord-Süd-Richtung erstreckende Zonen. Westlich vom Niltal liegt ein Wüstenplateau. Dieses wird begrenzt von dem schmalen Gürtel der Libyschen Oasen. Beide Gebiete sind bereits verhältnismässig gut erforscht. Dann folgt nach Westen ein etwa 500 Kilometer breiter Gürtel von Sandfeldern und Dünen, der noch völlig unerforscht ist und mit den gewöhnlichen Reisemethoden auch nicht durchquert werden kann. An ihn schliesst sich im Westen eine Serirfläche an: eine vollkommene Ebene, deren Boden mit kleinen

Geröllen überstreut ist. Diese Ebene, ebenso wie das Wüstenplateau im Osten, sind für den Verkehr von Automobilen sehr geeignet. Das Plateau der Libyschen Wüste wird ausserdem noch von einer Eisenbahn durchquert.

Der Verlauf einer Expedition mit einem unstarren Luftschiff könnte nun in grossen Zügen folgender sein: Vom Niltale, wo sich die Hauptstation befindet, fährt das Luftschiff nach der Oasenkette, auf einem Wege von rund 500 Kilometern, wo Nebenstationen, Ankerplätze, Gasvorräte, Werkzeuge usw. vorhanden sind. Diese Fahrt ist mit keiner Gefahr verbunden, da das Luftschiff sich in der Nähe der Bahnstrecke halten kann, oder wenn es gezwungen ist, weiter davon entfernt niederzugehen, durch Automobile Hilfe erhalten kann. Dann kommt die eigentliche Entdeckungsfahrt, die Überquerung des 500 Kilometer breiten Dünengürtels, bei der das Luftschiff vollständig auf sich angewiesen ist. Jenseits des Dünenfeldes kann dem Luftschiff wieder die Hilfe der auf der Serir-Ebene patrouillierenden Automobile zuteil werden. Je nach der Windrichtung wird das Luftschiff versuchen, nunmehr die Küste zu gewinnen oder nach den Libyschen Oasen zurückzukehren. Beide Wege betragen rund 500 Kilometer. Die Fahrt nach der Küste würde wiederum durch Automobile gesichert werden können.

Zu einem anderen, etwas kühneren Plan gelangt man bei Berücksichtigung der Windverhältnisse. In der östlichen Sahara herrschen während des Winters nordwestliche, während des Sommers nordwestliche und nördliche Winde vor. Alle anderen Windrichtungen treten demgegenüber stark zurück. Mit Hilfe dieser anhaltenden gleichförmigen Winde kann man versuchen, von der Mittelmeerküste nach dem Niltale zu gelangen. Dabei ist es für den Anfang ganz gleichgültig, von welchem Punkte der etwa 1000 Kilometer langen Küste man ausgeht, und an welchem Punkte des etwa 2000 Kilometer langen Niltales man ankommt. Auf deutsche Verhältnisse übertragen würde dies der Aufgabe gleichkommen, von einem beliebigen Punkte des Rheines bei Südwestwind nach einem beliebigen Punkt der deutschen Küste zu fahren, was mit ziemlicher Sicherheit auch im Freiballon zu lösen ist. Die Anfangs- und Endstrecke dieser vollständigen Durchquerung der Wüste ist dabei wieder durch Automobile gesichert. Bei einer Eigengeschwindigkeit von etwa 30 Kilometern per Stunde und einer Windgeschwindigkeit von 20 Kilometern würde diese etwa 1500 Kilometer lange Strecke in ungefähr 30 Stunden zurückzulegen sein. Bei einer Landung in den Libyschen Oasen beträgt die Reisezeit nur etwa 20 Stunden, ist also keineswegs eine Rekordleistung.

Ein weiterer Vorteil, der aus der günstigen geographischen Lage der Ost-Sahara entspringt, besteht darin, dass die Expedition in einem Kulturland organisiert werden kann, in dem zahlreiche technische Hilfsmittel zur Verfügung stehen, Werkstätten, Gas- und Elektrizitätswerke, Eisenbahnen, Telegraphen, und in dem auch, was nicht zu unterschätzen ist, ein ausgedehnter meteorologischer Dienst bereits organisiert ist. Schwierigkeiten sind natürlich auch vorhanden, sie entstehen besonders durch die grossen Differenzen der Lufttemperatur in der Wüste und durch die Sonnenstrahlung. Der Redner setzt eingehend auseinander, wie ihnen begegnet werden kann und betont sodann, dass man sich auch durch die Gefahren nicht abschrecken lassen dürfe, die von besonderen, seltener eintretenden meteorologischen Erscheinungen drohen, von Gewittern, Glutwinden und Staubwinden.

Für den Anfang wird man eine Landung in der Wüste vermeiden. Aber auch ohne diese lassen sich schon eine Fülle von Aufgaben lösen auf dem Gebiete der Meteorologie, Topographie und Geomorphologie, insbesondere der Dünen. Ganz selbstverständlich ist überhaupt, dass nicht sofort eine Durchquerung beabsichtigt, sondern zunächst zahlreiche Vorversuche angestellt werden sollen.

Der Plan hat, wie der Vortragende hervorhebt, bereits die lebhafte Zustimmung einer ganzen Reihe bedeutender Gelehrter, namentlich auf den Gebieten der Geographie, Geologie, Meteorologie und Luftschiffahrt gefunden, von denen nur Geh. Rat Assmann, Geh. Rat Beyschlag, Geh. Rat Branca, Geh. Rat Credner, der unlängst verstorbene beste Kenner Nordafrikas Theobald Fischer, Professer Fraas und Hauptmann Hildebrandt genannt seien.

Die Kosten der Expedition sind auf etwa 900 000 Mark veranschlagt. Im Hinblick darauf, dass für das Jahr 1911 in Deutschland für Ballon-Flugpreise über drei Millionen Mark zur Verfügung stehen und so grosse Summen aus Privatmitteln für rein sportliche Veranstaltungen aufgebracht werden, gibt der Redner der Hoffnung Ausdruck, dass sich auch Mittel finden würden für ein grosses nationales wissenschaftliches Unternehmen, durch das der Name der Geber für alle Zeiten mit der Inaugurierung einer neueren Periode der Entdeckungsfahrten verbunden werde.

In einer kurzen Aussprache äusserte Professor Passarge verschiedene Bedenken. Er hob hervor, dass das Gebiet zwischen der Mittelmeerküste und der Oase Kufra in manchen Teilen doch nicht so geeignet für Automobilfahrten sei, wie der Redner annehme, und gedachte auch der Gefahren, die sich aus dem kriegerischen Geist der Bewohner von Kufra ergeben, deren Oasen bisher nur von Gerhard Rohlfs mit Lebensgefahr betreten worden seien.

343. Sitzung. 2. März 1911.

Vorsitzender: Senator Westphal.

Herr Dr. Fritz Wertheimer (Berlin) hält einen Vortrag über die *wirtschaftlichen Grundlagen der japanischen Weltpolitik* Der Redner, der die Ergebnisse seiner diesbezüglichen Studien in Ostasien auch in einer kürzlich erschienenen umfangreicheren Broschüre über „die japanische Kolonialpolitik“ (Verlag von L. Friederichsen & Co., Hamburg) zusammengefasst hat, betont, dass Japan in der richtigen Erkenntnis mit seinem kleinen Inselreich eine wirkliche Weltpolitik politisch und wirtschaftlich nicht führen zu können, sich zunächst zielbewusst an die Schaffung eines grossen japanischen Reiches gemacht habe, eines Reiches, das territorial und wirtschaftlich im Stande wäre, gegenüber dem überragend grossen China und dem starken Russland in Ostasien eine Rolle spielen zu können. Diesem Zweck diente die Besitzergreifung Formosas, diente die Erwerbung Koreas und dient jetzt eben die friedliche Durchdringung und Eroberung der Mandschurei. Gegenwärtig ist Japan noch nicht fertig mit der Erreichung seines Zieles, aber es ist doch schon so weit, dass man sein System kritisch prüfen und beurteilen kann. Der Vortragende wirft zuerst einen Blick auf die einzelnen Kolonien der Japaner, schildert die wirtschaftlichen Eigenschaften des Hokkaido (der Insel Jesso), Formosas, Koreas und der Mandschurei und fasst dann die einzelnen Wirtschaftszweige zusammen in das, was er das System der „Gross-japanischen Wirtschaftspolitik“ nennt, nämlich: das mittlere und südliche Japan soll mit Korea zusammen die Reiskammer des Reiches werden, Nord-Japan und der Hokkaido sollen Getreide- und Obstkammer werden, ergänzt in mancher Beziehung durch die Mandschurei, und Formosa soll dem Reiche Salz und Zucker liefern. Weniger entwickelt ist dieses System mit Bezug auf die Forstwirtschaft und Industrie, doch lassen sich auch hier Ansätze zur einheitlichen Zusammenfassung aller Quellen im grossjapanischen Reiche finden. Insbesondere der Kohlenproduktion wurde vom Vortragenden Beachtung geschenkt, weil sie auch politisch für ganz Ostasien von besonderem Interesse ist. Der Redner bespricht die Zukunftsmöglichkeiten der grossjapanischen Wirtschaftspolitik und erklärt die besonderen Eigenschaften, die die Japaner zur Durchführung ihres Programms mitbrächten. Dass sie die politischen Ziele überall hinter wirtschaftlichen Massnahmen verschwinden lassen, ist klug und geschickt, verhindert aber doch nicht, dass eben diese politischen Ziele in Wirklichkeit doch im Vordergrund ihres Interesses stehen. Jedenfalls haben wir allen Anlass, der japanischen Arbeit im fernen Osten unsere Aufmerksamkeit zu schenken, denn wir sind am Handel und an der offenen Tür in Ostasien mehr und mehr interessiert. Nach diesen zusammenhängenden Betrachtungen gibt der Redner an der Hand zahlreicher Lichtbilder noch im Einzelnen anschauliche Erläuterungen über die Art der wirtschaftlichen Produktion und das Leben in den japanischen Kolonien Hokkaido und Formosa, sowie in der bisher noch nicht politisch angegliederten Mandschurei. Aus den Ausführungen des Redners gewannen die Zuhörer einen starken Eindruck von der zielbewussten Arbeit der Japaner, deren Machthunger schliesslich vor allem das Ziel vorschwebt, ihr Vaterland zu einem „England des Ostens“ zu machen.

334. Sitzung. 6. April 1911.

Vorsitzender: Senator Westphal.

Der in den Tagen vom 15. bis 22. Oktober a. c. in Rom stattfindende X. Internationale Geographen-Kongress gibt in dem eingesandten Zirkular 2 vom 15. März 1911 die hauptsächlichsten Vorführungen bekannt, die das leitende Komitee bisher getroffen hat. An der Spitze dieses Komitees stehen der Präsident (Marquis Raffaele Capelli) und der Generalsekretär (Kommandant Giovanni Roncagli) der Italienischen Gesellschaft für Erdkunde.

Jeder, der beabsichtigt, die den Kongress-Mitgliedern zustehenden Rechte auszuüben, hat sich zuvor bei dem Ausschuss des Leitenden Komitees einzuschreiben.

Die Kongress-Mitglieder sind in zwei Kategorien geteilt: ordentliche und ausserordentliche.

Die Kategorie der ausserordentlichen Mitglieder umfasst die Frauen und anderen Familienangehörigen, welche die ordentlichen Mitglieder begleiten; sie geniessen alle Rechte der ordentlichen, nur können sie nicht an den Diskussionen und Abstimmungen teilnehmen und erhalten nicht die Verhandlungen des Kongresses.

Die Kongress-Mitgliedskarte ist auf den Namen ausgestellt und streng persönlich.

Zu den Versammlungen und Sitzungen werden nur die Personen zugelassen, die mit der Kongress-Mitgliedskarte und dem Abzeichen versehen sind; hiervon ausgenommen sind die von dem Vorstande eingeladenen Behörden.

Der Beitrag beträgt: für die ordentlichen Mitglieder 20 Mark = Frs. 25 = 1 Pfund Sterling = 5 Dollar; für die ausserordentlichen 10 Mark = Frs. 12.50 = 10 Shillings = 2 Dollar 50 Cent pro Person.

Alle Geldsendungen, zur Bezahlung des Beitrages oder andere, sind ausschliesslich an den Schatzmeister des Kongresses, Advokat Felice Cardon, an die Adresse der Società Geografica Italiana, Roma, Via del Plebiscito, 102, zu richten.

Der Kongress setzt sich aus folgenden acht Abteilungen zusammen:

I. Mathematische Geographie.
II. Physische Geographie.
III. Biogeographie.
IV. Anthropogeographie und Ethnographie.
V. Ökonomische Geographie.
VI. Länderkunde.
VII. Historische Geographie und Geschichte der Geographie.
VIII. Methodologie und Didaktik.

Die wissenschaftliche Teilnahme an den Arbeiten des Kongresses kann auf zweierlei Art erfolgen:

1. durch Berichte über Fragen, deren Entscheidung von früheren Internationalen Geographen-Kongressen verschoben wurde, oder die vom Ausschuss des Leitenden Komitees oder von den beim Kongress vertretenen Vereinen, Instituten usw. angeregt werden.

2. durch Mitteilungen.

Nur die Berichte können Abstimmungen zur Folge haben. Die Mitteilungen können nur Diskussionen veranlassen.

Jede Ankündigung einer Mitteilung muss von einem zusammenfassenden, eine Drucksache nicht übersteigenden Auszug begleitet sein, welcher dem Ausschuss bis spätestens 30. April 1911 zu unterbreiten ist.

Die Annahme der Berichts- und Mitteilungs-Themata ist lediglich Sache des Ordnungs-Komitees, das dem Einsender baldigst seinen Entschluss mitteilen wird. Keine Beachtung finden die Ankündigungen, welche nach dem 30. April 1911 an den Ausschuss gelangen.

Durch Delegierte können sich beim Kongresse vertreten lassen:

1. die Regierungen;
2. die öffentlichen Ämter geographischen oder ähnlichen Charakters;
3. die Institute und Gesellschaften geographischen oder ähnlichen Charakters;
4. die Universitäten und andere höhere Lehranstalten, an denen Geographie gelehrt wird.

Der Kongress wird in den dicht bei Castel Sant'Angelo („Mole Adriana") belegenen Gebäuden seinen Sitz haben.

Die Eröffnungs-Sitzung wird Sonntag, den 15. Oktober vormittags in Anwesenheit der Behörden stattfinden. Die Arbeiten des Kongresses werden die folgenden Tage dauern, verteilt zwischen den allgemeinen und Abteilungs-Sitzungen; hiervon ansgenommen ist Donnerstag, welcher Tag den Ausflügen gewidmet sein soll, die das Leitende Komitee den Kongress-Mitgliedern anbietet. Letztere werden zwischen einem Ausflug nach den Monti Albani („Castelli Romani") und einem Besuch der Denkmäler und Altertümer der Stadt Rom wählen können. Sonntag, den 22. Oktober vormittags wird der Kongress zur Schluss-Sitzung tagen.

Es wird zu rechter Zeit ein besonderes Programm für die Festlichkeiten und Abendunterhaltungen erscheinen, welche die Leitung für die Kongress-Mitglieder vorbereitet.

Unmittelbar nach Schluss des Kongresses werden einige wissenschaftliche Exkursionen stattfinden, deren Organisation einer besonderen Kommission anvertraut ist. Ein Ausflug nach Mittel- und Nord-Italien und ein solcher nach Süd-Italien und Sizilien sind jetzt projektiert, deren ersterer bezweckt, jene Orte zu besuchen, wo geographische Ursachen eine besondere ökonomische oder industrielle Entwickelung bedingt haben; der letztere verfolgt das Ziel, die geologischen und vulkanischen Erscheinungen von grösserer Bedeutung sowie die vom Erdbeben des Jahres 1908 herrührenden Trümmer zu besehen. Für diese Exkursionen wird ein die Einschreibungsbedingungen enthaltendes Programm zu rechter Zeit erscheinen.

Die Gruppen, welche an den Exkursionen teilgenommen haben, werden in Turin in den ersten Tagen des November sich vereinigen, wo die Leitung der Ausstellung alle Mitglieder des geographischen Kongresses einladet, die Ausstellung zu besuchen.

Sobald das Leitende Komitee das unterschriebene Meldeformular sowie den Betrag des entsprechenden Beitrags in Händen hat, wird dem Kongress-Mitgliede seine Karte zugeschickt. Die Delegierung dispensiert nicht von der Verpflichtung, den Beitrag zu bezahlen.

Die Mitglieder des Kongresses werden die von den Staatseisenbahnen bewilligten Preisermässigungen geniessen, wenn sie eine besondere, in allen Staatsbahnhöfen zu erhaltende Karte kaufen (Preis 10 Frcs. 50), gegen deren Vorzeigung, und nach Ausfüllung der in derselben angegebenen

Regeln, sie acht Reisen nach dem Differentialtarif C (Ermässigung von 40 bis 60%) machen können. Genauere diesbezügliche Auskünfte sind vom Sekretariat des Leitenden Komitees zu ermitteln, das einen besonderen Prospekt zusenden wird.

Bezüglich ihres Aufenthaltes in Rom werden die Kongress-Mitglieder die nötigen Auskünfte vom „Ufficio viaggi ed informazioni gratuite dell' Associazione Nazionale per il Movimento dei Forestieri", Rom, Corso Umberto I, N. 234, erhalten.

Auf dem Hauptbahnhof befindet sich das Auskunftsbureau, welches den ankommenden Kongressmitgliedern von grossem Nutzen sein kann.

Die Kongress-Mitglieder haben gegen Vorzeigung ihrer Mitgliedskarte freien Eintritt zu den Lesesälen der Italienischen Gesellschaft für Erdkunde, sowie zu den öffentlichen Museen, Gallerien und Monumenten.

Ein vollständiges Programm des Kongresses wird zu rechter Zeit allen Eingeschriebenen zugeschickt. Jedem, der es mittels beiliegender Postkarte verlangt, wird das Zirkular No. 1 (das gesamte allgemeine Reglement und die Liste der Mitglieder der Leitung enthaltend) zugehen.

Auf dem Internationalen Geologen-Kongress in Stockholm ist von dem Vulkanologen Immanuel Friedländer in Neapel die Gründung eines Internationalen Vulkan-Instituts in Neapel angeregt. Sein Vorschlag wurde von Herrn Prof. Luigi Baldacci, Direktor der geologischen Landesanstalt in Rom, Herrn Professor Cornelio Doelter in Wien und Herrn Professor Ezequiel Ordoñez vom Geologischen Institut in Mexico geprüft und dem Internationalen Geologen-Kongress zur Annahme empfohlen und in der Schlusssitzung des Kongresses angenommen.

Die Aufgabe des Internationalen Vulkan-Instituts in Neapel wird darin bestehen, zum ersten Male eine dauernde und systematische Untersuchung der vulkanischen Erscheinungen zu ermöglichen. Zu diesem Zwecke sollen die nötigen Laboratorien und Instrumente beschafft werden, insbesondere sollen am Vesuv regelmässige Temperaturmessungen an verschiedenen Stellen ausgeführt werden, die Gase sollen regelmässig beobachtet und analysiert werden, wozu ein eigenes gasanalytisches Laboratorium nötig ist, und die lokalen Erdbeben vulkanischen Charakters sollen dauernd während der Ruhepausen des Vulkans und auch während der Tätigkeit registriert werden usw.

Es ist allgemein bekannt, dass bereits seit längerer Zeit ein kleines Observatorium am Vesuv besteht, es ist aber leider nicht allgemein bekannt, dass systematische Untersuchungen, wie sie das neue Institut plant, bisher weder am Vesuv noch sonst irgendwo in der Welt ausgeführt wurden. Die Mittel des vorhandenen Instituts sind sowohl in pekuniärer Beziehung als auch, was den wissenschaftlichen Stab betrifft, nie ausreichend gewesen und werden dies voraussichtlich auch in Zukunft nie sein. Wenn die grosse Aufgabe gelöst werden soll, so ist eine internationale Vereinigung unbedingt notwendig, einerseits, um die nötigen Geldmittel zusammenzubringen, andererseits aber namentlich, um den Gelehrten aller Länder Gelegenheit zu geben, an diesem Institut zu arbeiten. Die Zahl der eigentlichen Vulkanologen im engeren Sinne ist in Italien und auch in jedem anderen einzelnen Lande zurzeit sehr gering, was sich leicht dadurch erklärt, dass überhaupt nirgends dauernde Stellungen für einen Vulkanologen als solchen vorhanden sind. An dem neuen Institut sollen ein Direktor und wenigstens drei Assistenten angestellt werden, und ausserdem soll eine grössere Anzahl von Arbeitsplätzen für solche Gelehrte eingerichtet werden, die auf längere oder kürzere Zeit dort arbeiten wollen.

Die wissenschaftliche Bedeutung dieses Unternehmens dürfte ohne weiteres jedem klar sein, aber auch die praktische Bedeutung ist durchaus nicht zu unterschätzen. Die vulkanischen Ereignisse der letzten Jahrzehnte der Ausbruch des Krakatao, des Pelée, des Vesuv im Jahre 1906 und anderer haben ausserordentlich grosse ökonomische Verluste gebracht, abgesehen von den vielen Menschenleben, die ihnen zum Opfer fielen. Unsere jetzige Kenntnis der vulkanischen Erscheinungen beruht auf vereinzelten Beobachtungen und reicht durchaus nicht aus, die kommenden Ereignisse vorauszusagen, aber immerhin lässt sich auch schon jetzt absehen, dass bei den meisten Vulkanen eine regelmässige Folge der Erscheinungen auftritt, und es liegt durchaus im Bereiche der Möglichkeit, ja sogar der Wahrscheinlichkeit, dass man bei einer sorgfältigen und genauen Registrierung sämtlicher Erscheinungen an einem Vulkan bald dazu gelangen wird, die Zeit und den Umfang eines Vulkanausbruchs ungefähr vorherzusehen.

Von welcher praktischen Bedeutung dies wäre, ist klar. Es gibt aber noch eine zweite Beziehung, in der diese vulkanologischen Untersuchungen einen ökonomischen Erfolg haben können. Wenn man die Fumarolentätigkeit und die Umwandlung der Gesteine genauer beobachten wird, so wird man sich eine richtigere Vorstellung auch von der Entstehung der Erzlagerstätten bilden können. Es gibt mehrere jüngere Vulkane, die in ihrem Fumarolengebiet kleine Erzvorkommen beherbergen, die noch in der Entstehung begriffen sind. Genauer untersucht sind diese Verhältnisse bisher nicht. Es ist aber nicht zu bezweifeln, dass eine eingehende Kenntnis der Gesteinsumwandlungserscheinungen an Fumarolen und in den Vulkangebieten auch auf unsere Kenntnis der Erzlagerstätten von Einfluss sein muss.

Aus den angeführten Gründen dürfte die Gründung des Internationalen Vulkan-Instituts in Neapel nicht nur für diejenigen von Interesse sein, die die Wissenschaft als solche fördern wollen, sondern auch für alle, die an den praktischen Folgen mehr oder minder interessiert sind. Die verschiedenen europäischen Nationen haben allerdings mit Ausnahme von Italien und Griechenland keinen tätigen Vulkan auf ihrem eigenen Boden, wohl aber viele in ihren Kolonialgebieten, und sie sollten daher im Interesse von Leben und Eigentum das neue Institut unterstützen.

Die Organisation des Instituts soll zunächst in folgender Weise geregelt werden. Immanuel Friedlaender übernimmt einstweilen die Sammlung der Zeichnungen, und zwar sollen die Zeichnungen nur dann Gültigkeit haben, falls bis zum 1. Januar 1912 mindestens 1500000 Lire für den Bau- und Einrichtungsfonds und ausserdem mindestens eine Rente von jährlich 50000 Lire gesichert sind. Die Rente soll teils durch die

Zinsen des über 1500000 Lire hinaus gezeichneten Kapitals, teils durch die jährlichen Beiträge gedeckt werden.

Die juristische Form des Internationalen Vulkan-Institut wird zunächst die eines Vereins sein, in dem nur diejenigen Mitglieder, die über 10000 Lire zu dem Kapital oder über 1000 Lire zu den jährlichen Beiträgen gezeichnet haben, Stimmrecht haben. Die Mitglieder mit kleineren Beiträgen, bis zu einem Mininum von 25 Lire jährlich, haben nur das Anrecht auf Bezug der Druckschriften und Veröffentlichungen des Instituts. Der Verein könnte später, soweit dies nach den italienischen Gesetzen möglich und für die Erreichung seiner Ziele zweckmässig erscheint, als solcher aufgelöst und in eine Stiftung verwandelt werden.

Darauf spricht Herr Prof. Dr. G. K. Anton aus Jena über Leopold II. und die Entwicklung des Kongostaates. Die Angliederung des wertvollsten Teiles von Afrika an das 80 mal kleinere Belgien bildet eines der reizvollsten Kapitel unserer Zeitgeschichte sowohl wie auch der politischen Geographie, von dem die Meisten zwar einige allgemeine Kenntnis besitzen, aber nichts genaueres im Zusammenhange wissen. Um so dankenswerter ist es, dass die Geographische Gesellschaft diese grösste Leistung moderner Kolonialpolitik durch einen so berufenen Sachkenner schildern liess. Seine auf eingehenden Quellenstudien beruhenden Darlegungen würdigten unbefangen die unsterblichen Verdienste Leopold II. um die Schaffung des gewaltigen belgischen Kolonialreiches und zeigten, wie es das ureigenste Werk des Königs ist, von der genialen Konzeption des Gedankens an bis zur stolzen Vollendung des riesigen Staates, der den vierfachen Umfang des Deutschen Reiches besitzt. Die niemals, auch nicht in den verzweifeltsten Verhältnissen erlahmende Energie des Königs, die Klugheit und Beharrlichkeit, mit denen er seine zäh festgehaltenen und nur ihm in voller Tragweite bekannten Pläne gegen eine Welt von Hindernissen und Schwierigkeiten durchzusetzen wusste, wurden ebenso anerkannt, wie die skrupellose Hinwegsetzung über völkerrechtliche Verpflichtungen und die unmenschliche Behandlung der Eingeborenen beklagt wurden. Durch diese Mittel erlangte zwar König Leopold die Geldsummen, die er zur Verwirklichung seiner stetig neu ersonnenen Baupläne und anderen Unternehmungen brauchte, sie lösten aber auch die Reaktion aus, die immer mächtiger anschwellend schliesslich noch kurz vor dem Ende des Königs zur Übernahme des Kongostaates durch Belgien führte, das erst allmählich für den kolonialen Gedanken reif geworden war.

An die Licht und Schatten gerecht verteilenden Ausführungen schloss sich die Vorführung von Lichtbildern, die von Land und Leuten sowie den Leistungen belgischer Tatkraft in einigen Teilen des kolossalen Kongogebiets gute Vorstellung gaben. Die belgische Kolonialpolitik seit der Annexion musste unberücksichtigt bleiben. Für sie und für das, was der Vortragende bei der beschränkten Zeit nur andeuten aber nicht ausführen konnte, verwies er auf die Broschüre: Kongostaat und Kongoreform, die eine Abhandlung des Redners, und eine zweite von Christian von Bornhaupt enthält.

345. Sitzung. 4. Mai 1911.

Vorsitzender: Dr. W. Oehrens.

Der Vorsitzende eröffnet die Sitzung mit einem Hinweis darauf, dass Herr Dr. Ludwig Friederichsen, der seit der Gründung der Geographischen Gesellschaft ununterbrochen 38 Jahre lang als ihr Generalsekretär tätig gewesen sei und sich die allergrössten Verdienste um das Gedeihen und die Entwicklung der Gesellschaft erworben habe, am 1. Mai seinen 70. Geburtstag habe feiern können. Im Auftrage des Vorstandes habe er in Gemeinschaft mit Dr. Repsold dem Jubilar die herzlichsten Glückwünsche der Gesellschaft überbracht unter Überreichung einer Adresse in kunstvoller Ledermappe.

Die Adresse hat folgenden Wortlaut:

Sehr geehrter Herr Dr. Friederichsen!

Mit dem heutigen Tage vollenden Sie Ihr siebenzigstes Lebensjahr. Dem unterzeichneten Vorstand der Geographischen Gesellschaft in Hamburg ist es eine grosse Freude, Ihnen aus diesem Anlass warme Glückwünsche darzubringen. Sie haben sich in Ihrem arbeitsreichen Leben um die geographische Wissenschaft grosse Verdienste erworben und dafür allseitige Anerkennung in den Kreisen der Geographen gefunden. Als erfahrener, gewissenhafter Kartograph, als freudiger Förderer geographischer Forschung haben Sie sich in bemerkenswertester und erfolgreichster Weise betätigt und Ihrem Namen eine ehrenvolle Stellung in der gelehrten Welt geschaffen. Der Geographischen Gesellschaft aber sind Sie mehr gewesen, Mitbegründer und seit der Gründung der leitende wissenschaftliche Berater. Wie die Vertreter der Wissenschaft durch die Verleihung der Würde eines Doctor philosophiae honoris causa Ihnen Anerkennung gezollt haben, so hat auch die Geographische Gesellschaft schon bei früherer Gelegenheit Ihnen den herzlichsten Dank für Ihr Wirken durch die höchste Auszeichnung, die sie gewähren kann, die Verleihung der goldenen Kirchenpauer-Medaille Ausdruck gegeben.

Heute nun wiederholt sie diesen Dank und verbindet damit den Wunsch, dass es Ihnen vergönnt sein möge, Ihr glückliches Familienleben und Ihre Freude an der erfolgreichen beruflichen und wissenschaftlichen Arbeit noch lange Jahre zu geniessen.

Der Vorstand der Geographischen Gesellschaft.
(gez.) Westphal.

Der Aufforderung des Vorsitzenden folgend giebt die Versammlung dem Jubilar ihren Glückwunsch und ihre Verehrung durch Erheben von den Sitzen kund.

Sodann teilt der Vorsitzende mit, dass in den Tagen vom 26. bis 29. Juli a. c. in London der Erste Welt-Rassen-Kongress (First Universal Races Congress) unter dem Ehrenpräsidium des Right Hon. Lord Weardale und dem Vorsitz des Herrn Prof. Felix Adler aus New-York statthaben werde. Der Hauptzweck des mit grossem Pomp vorbereiteten Kongresses sei, die gegenseitige Kenntnis und Achtung zwischen westlichen und orientalischen Völkern zu fördern.

Darauf hält der Privatdozent Dr. Aug. Wolkenhauer aus Göttingen einen Vortrag über die ländlichen Siedelungsformen Nordwest-Deutschlands.

Der Vortragende leitet seine Erörterungen durch eine Besprechung der Verdienste Hanssens und insbesondere Meitzens um die Erforschung der ländlichen Siedlungsformen und Besitzverhältnisse ein. Aus Meitzens jahrzehntelanger Beschäftigung mit diesem Gegenstande ist sein grosses dreibändiges Werk über Siedelung und Agrarwesen der West-Germanen und Ost-Germanen, der Römer, Kelten, Finnen und Slaven (mit Atlas, 1895) entstanden. Das Werk, in dem ein gewaltiges Tatsachenmaterial zusammengetragen ist, wird auf lange Zeit eine unerschöpfliche Fundgrube des Wissens bilden. Die von Meitzen aus seinen Beobachtungen gezogenen Schlussfolgerungen und die darauf aufgebauten Hypothesen haben jedoch vielfachen Widerspruch gefunden. Es ist aber unzweifelhaft, dass sie ausserordentlich anregend gewirkt haben und dass sie auch heute noch zum mindesten als Arbeitshypothesen von Wert sind.

Es erscheint zweckmässig, zunächst die Anschauungen von Meitzen vorzutragen und anschliessend daran die abweichenden Ansichten zu erörtern. Auch für Nordwestdeutschland gibt Meitzen in seinem Werke bereits viel Material; dieses ist jedoch stark zerstreut und nicht vollzählig. Der Vortragende hat sich bemüht, besonders auf Grund von Kartenmaterial, neuerem sowohl wie altem, das Bild der ländlichen Siedlungsformen Nordwestdeutschlands zu vervollständigen und abzurunden. Als Studienmaterial dienten die Messtischblätter und auch die in dieser Hinsicht sehr wertvollen Karten der alten Landesaufnahmen aus dem Ende des 18. Jahrhunderts. Der Vortragende hatte zahlreiche, besonders charakteristische Kartenblätter ausgewählt, neben neuen, auch einige alte, die als Lichtbilder gezeigt wurden und sich vorzüglich zur Demonstration eigneten. Bezüglich der grossen Mannigfaltigkeit seiner Siedlungsformen ist Nordwestdeutschland eine der interessantesten Landschaften Deutschlands. Ebenso wie zum Verständnis der Morphologie eine Vertiefung in die Geologie notwendig ist, ebenso ist für die Erkenntnis der Siedlungsformen eine Vertiefung in den geschichtlichen Werdegang unbedingt erforderlich. Indem die Germanen von den Ufern der Ostsee nach Südwesten die Kelten zurückdrängten, bildete, wie auch historisch belegt ist, die Linie der Weser zeitweilig eine wichtige Völkergrenze zwischen Germanen und Kelten. Links der Weser ist das Gebiet der Einzelhöfe. Seit Justus Möser sah man hierin die ursprüngliche deutsche Siedlungsform, bis Meitzen für den keltischen Ursprung eintrat. Meitzen stützt sich neben anderem besonders auf Ähnlichkeiten in den Gehöft-Abgrenzungen mit sicher als keltisch anzusehenden Einzelhöfen in Irland. Die Germanen sollen sich in den Einzelhöfen der Kelten niedergelassen und sie beibehalten haben. Es ist mit Recht die Frage aufgeworfen, ob die Einzelhofsiedlung, bei der jedes Gehöft von dem zugehörigen Ackerland umgeben ist, nicht eher eine Anpassung an die Dürftigkeit des Bodens als eine national-keltische Eigentümlichkeit ist. Sehr charakteristisch sind die Messtischblätter dieser Gegenden; das ganze Blatt ist bedruckt von punktförmigen Siedelungen, die meistens die Namen der Besitzer tragen. Man könnte direkt von einem kartographischen

Adressbuch sprechen. Östlich der Weser erstreckt sich bis an die Slavengrenze, südlich bis an den Main das Gebiet der Haufendörfer. Mit dieser Dorfform ist eine besondere Flurform organisch verbunden. Das zu einem Gehöft gehörige Ackerland, die Hufe, besteht aus vielen schmalen Streifen, die durch die ganze Feldmark unregelmässig verstreut sind. Die Feldmark ist nach der Güte des Bodens in eine Zahl grössere Gewanne geteilt, von denen jeder Bauer einen Anteil besitzt. Auf diese Weise ist die Gemengelage der Felder entstanden, die den Flurzwang zur Folge hat. Meitzen hält das Haufen- oder Gewanndorf für die national-germanische Siedelungsform, da sie sich vornehmlich in einem Gebiet befindet, das nie einem fremden Einfluss ausgesetzt, vielmehr dauernd germanisch gewesen ist. Entgegen der Ansicht Meitzens, dass in der Gewanneteilung der Feldflur eine beabsichtigte gleichmässige Verteilung des Besitzes zum Ausdruck komme, ist daran zu erinnern, dass es sich auch um eine allmähliche Neuschaffung der Gewanne, entsprechend dem wachsenden Bedürfnis handeln kann. Sodann wurden vom Redner die sogenannten slavischen Siedelungsformen, der Rundling und das slavische Strassendorf besprochen, die in der Hauptsache östlich der bekannten Slavengrenze beginnen. Ausserordentlich typisch und deutlich kamen sie auf den als Diapositive gezeigten Karten zum Ausdruck. Eine offenbare Anpassung der Siedlungsform an die natürlichen Bedingungen sind die Siedlungen der Seemarschen. Wie die Seemarschen selbst Gebilde von Ebbe und Flut sind und sich daher in Deutschland nur an der Nordsee finden, so haben wir die ihnen eigentümlichen Siedelungsformen auf künstlichen Erhöhungen, den Wurten oder Warften, auch nur an der Nordsee. Diese Siedelungsform findet sich also überhaupt nur in Nordwestdeutschland. Wir haben zu unterscheiden zwischen Einzelhofwarften und Dorfwarften. Im allgemeinen liegen die Einzelwarften ganz unregelmässig verstreut, z. B. im Jeverland. Die Warftsiedlungen sind sehr alt, schon Plinius hat sie geschildert. Sie stammen aus jener Zeit, als die Marschen noch nicht durch Deiche genügend geschützt waren. Heute werden die Warften leider vielfach abgetragen und zu Ackererde verbraucht. Im Gegensatz zu den alten Marschen stehen die jungen Marschen, in denen die Gehöfte mehr reihenförmig den neuangelegten Deichen folgen. Besonders interessant sind die Dorfwarften, sie finden sich sowohl im Lande „Wursten“ als auch hervorragend typisch im sogenannten „Krummenhörn“, jenem zum Teil unter Null gelegenen Landesvorsprung nordwestlich von Emden. Es handelt sich um fast kreisrunde kleine, hohe Warften, auf denen die alten friesischen Bauernhäuser stehen mit der Tenne dem Abhang abwärts der Marsch zugekehrt. Mit dem Vertrag des Erzbischofs Friedrich von Bremen-Hamburg mit sechs Holländern beginnt im Jahre 1106 die Holländerkolonisation Deutschlands. Die ersten Marschhof-Ansiedlungen wurden dicht östlich von Bremen beim Dorf Horn angelegt. Die Gegend heisst noch heute Hollerland. In rascher Folge wurden im 12. Jahrhundert die Marschen der Weser und die Elbmarschen von den Vierlanden abwärts von Holländern oder nach holländischer Weise kultiviert und besiedelt, z. B. 1158 Altengamme und Kurslak, 1212 Neuengamme usw. Die Paralleleinteilung der Flur mit ihren langen schmalen Hufen hebt sich auch auf den Messtischblättern deutlich ab. Besonders typisch sind diese Siedelungsformen z. B. im Alten Lande. Den Marschhufendörfern sehr ähnlich und vielleicht auch nach ihrem Vorbilde entstanden sind die Waldhufendörfer. Sie umgeben in einem breiten Gürtel die nördliche Umwallung Böhmens. Bekannt sind die bis 15 km. langen Walddörfer im Erzgebirge und in den Sudeten. Es ist interessant, dass sich versprengte Gruppen dieser Walddörfer auch in Nordwestdeutschland, südlich und südwestlich von Hannover finden. Es handelt sich besonders um die sogenannten „Hagendörfer", die fast alle mit der Silbe hagen enden. Auch die Stadt Stadthagen gehört zu dieser Siedlungsgruppe. Bei den Walddörfern handelt es sich ebenso wie bei den Marschhufendörfern um planmässige Anlagen grösseren Massstabes, die von den inzwischen entstandenen Grundherrschaften, weltlichen und geistlichen, mit Hilfe von Unternehmern in die Wege geleitet wurden. Diese Anführer wurden mit besonderen Privilegien ausgestattet, oft erhielten sie das Erbschulzenamt. Viel später als diese Siedlungen, erst in der Mitte des 17. Jahrhunderts tritt eine neue Kolonisationsform auf, die Moorkolonisation, die gerade für den Nordwesten Deutschlands, mit seinen weiten Moorgebieten von besonderer Bedeutung geworden ist. In mehreren Bildern wird der eigentümliche Siedlungsplan dieser Moorkolonie veranschaulicht, die sich viele Kilometer weit an einem mehrfach verzweigten Kanalnetz hinziehen. So zeichnet sich Nordwestdeutschland in der Tat durch eine überraschend grosse Mannigfaltigkeit von ländlichen Siedlungsformen aus. Es bringt Einzelhof, Haufendörfer, Rundlinge und slavische Strassendörfer, Einzelwarften und Warftdörfer in den Seemarschen, Marschenhufen- und Waldhufendörfer und als neuere Gründungen die Moorsiedlungen.

An dem Beispiel Barmbeck wies der Vortragende noch auf die Bedeutung der ländlichen Siedlungsformen für die Erforschung der städtischen Siedlungen hin. Die Karte von 1750 zeigt Barmbeck noch deutlich als Rundling. Etwa 100 Jahre später sieht man deutlich, wie das Dorf bereits von der heranrückenden Grossstadt umklammert wird, und 1909 ist Barmbeck vollständig zur Grossstadt geworden. Überraschend klar liess sich jedoch auf den vorgeführten Kartendiapositiven (nach Dr. F. Voigt) verfolgen, wie stark sich das alte ländliche Wegenetz noch heute in den Strassenzügen der Vorstadt ausprägt. Auf dem Mittelpunkt des alten (slavischen?) Rundlings steht heute die Barmbecker Kirche. Zum Schluss seines Vortrages führt der Vortragende noch eine Reihe von Ballonaufnahmen vor, um zu beweisen, ein wie wirksames Hilfsmittel für Unterricht und Studium richtig aufgenommene Ballonaufnahmen der verschiedenen Siedlungsformen bilden können. Beim Freiballon kann es sich nur um Zufallsaufnahmen handeln. Hoffentlich ist die Zeit nicht mehr fern, wo auch vom Lenkballon aus zu wissenschaftlichen Zwecken Aufnahmen der Siedlungsformen in Nordwestdeutschland gemacht werden können.

Am Schlusse der Sitzung nahm Dr. L. Friederichsen das Wort, um darauf hinzuweisen, dass am folgenden Tage der Vorsitzende, Dr. Oehrens, seinen achtzigsten Geburtstag feiere. Den vom Redner ausgesprochenen herzlichen Glückwünschen stimmte die Versammlung mit lebhaftem Beifall durch Erheben von den Sitzen zu.

Kassa-Bilanz 1910.

Einnahmen:			
Saldo am 1. Januar 1909		M. 5 933.10	
Staats-Subvention für 1910		„ 5 000.—	
Rück-Prämie der Gothaer Feuer-Versicherungs-Bank		„ 38.90	
Zinsen auf M. 11 000 Hamburger Staatsrente à 3½ % p. a.		„ 385.—	
Bankzinsen		„ 202.33	
Mitgliederbeiträge:			
728 Mitglieder à M. 12.—	M. 8 736.—		
9 „ „ „ 6.—	„ 54.—	„ 8 790.—	
Sonderbeiträge von Mitgliedern für die Expedition des Herzog Adolf Friedrich zu Mecklenburg		„ 2 100.—	
Hinterlegung für W. Gutsch, Privat-Teilnehmer an der Expedition von Dr. E. Obst		„ 5 000.—	M. 27 449.33
Ausgaben:			
I. Drucksachen etc. (Die Mitteilungen für 1910 erscheinen verspätet. Dementsprechend werden die Ausgaben hierfür der Abrechnung für 1911 zur Last fallen).			
II. Für die Monatssitzungen (Honorare für Vorträge)	M. 1 200.—		
Miete für Sitzungssaal und Lichtbilder-Apparat	„ 977.50		
Sonstige Ausgaben für die Vorträge	„ 198.50	M. 2 376.—	
III. Für die Bibliothek:			
Neuangeschaffte Bücher	„ 167.55		
Abonnements auf Zeitschriften	„ 237.60		
Buchbinder-Arbeiten	„ 230.75	„ 635.—	
IV. Verwaltung		„ 3 899.89	
V. Extraordinaria:			
Beitrag für die Expedition des Herzog Adolf Friedrich zu Mecklenburg	M. 3 100.—		
Reisespesen des Herrn Dr. L. Friederichsen behufs Vertretung bei der Shackleton-Feier in Berlin	„ 92.40		
Festmahl zu Ehren von Dr. Aurel Stein	„ 210.—		
Beitrag für den Deutschen Kolonialkongress 1910	„ 100.—		
Reisespesen des Herrn Dr. L. Friederichsen behufs Vertretung auf dem Deutschen Kolonialkongress 1910	„ 152.20		
Beitrag für den X. Internationalen Geographen-Kongress in Rom 1911	„ 20.35		
Anzahlung an Dr. E. Obst für die Ostafrikanische Expedition der Hamburger Geogr. Ges.	„ 5 609.—		
Beitrag für den Amerikanisten Kongress in Buenos Aires	„ 20.—		
Diverse Grabkränze	„ 42.—		
Diverses	„ 34.50	„ 9 380.45	
VI. Bank- und Kassa-Saldo auf 1910		„ 11 157.09	
		M. 27 449.33	

Vermögensbestand Ende 1910.

3 Stück Hamb. Staatsrente à $3^1/_2$ % p. a. ℳ 6000, s. Zt. gekauft à $102^1/_8$	ℳ 6 127.50	
6 Stück dito ℳ 5000, s. Zt. gekauft à $103^5/_8$	„ 5 181.25	
Fällige Zinsen auf vorstehende ℳ 11 000 vom 1. Januar bis 31. Dez. 1910 = 12 Monate à $3^1/_2$ % p. a.	„ 385.—	
		ℳ 11 693.75
Bank- und Kassa-Saldo am 31. Dez. 1910		„ 6 157.09
		ℳ 17 850.84

Vorstand Ende 1910.

Präsident: Senator **Otto E. Westphal.**
Vice-Präsident: Dr. med. **W. Oehrens.**
Erster Sekretär: Dr. **L. Friederichsen.**
Zweiter Sekretär: Dr. **P. Schlee.**
Kassierer: **Justus Strandes.**
Prof. Dr. **S. Passarge.**
Dr. **Joh. Ad. Repsold.**

Beirat Ende 1910.

Dr. **Max Albrecht.**
Dr. phil. **H. Michow.**
Prof. Dr. **G. Schott.**
Edmund J. A. Siemers.
Kommerzienrat **Herm. Stoltz.**
Geh. Regierungsrat Dr. **Fr. Stuhlmann.**
Prof. Dr. **G. Thilenius.**
Direktor Prof. **W. Wegehaupt.**
J. Witt.

Inhaber der Kirchenpauer-Medaille.

a. Goldene Medaille:

Bürgermeister Dr. **G. Kirchenpauer** (Hamburg), gestorben 3. März 1887.
Dr. med. **G. Adolf Fischer** (Barmen), gestorben 11. Nov. 1886.
Wirkl. Geheimer Rat Prof. Dr. **G. von Neumayer**, Excellenz (Neustadt a. d. Haardt), gestorben 25. Mai 1909.
Dr. phil. **L. Friederichsen** (Hamburg), seit 6. März 1898.
Dr. phil. **Sven von Hedin** (Stockholm), seit 12. Februar 1903.

b. Silberne Medaille:

Geh. Regierungsrat Dr. **Franz Stuhlmann** (Hamburg), seit 7. März 1895.
Prof. Dr. **Wilhelm Sievers** (Giessen), seit 6. März 1898.
Prof. Dr. **Fr. Fülleborn** (Hamburg), seit 5. März 1908.

Mitglieder-Verzeichnis am 1. Januar 1911.

I. Ehrenmitglieder.

Amundsen, Roald, Kapitän, Kristiania .... seit 5. März 1908.
Andrée, Richard, Prof. Dr. phil., München .... » 1. Mai 1886.
Drygalski, Erich von, Prof. Dr., München .... » 5. März 1908.
Hellmann, Gustav, Geh. Regierungsrat Prof. Dr., Berlin .... » 5. » 1908.
Meyer, Hans, Geheimer Hofrat Prof. Dr., Leipzig .... » 11. April 1901.
Nansen, Fridtjof, Prof. Dr. phil., Kristiania .... » 3. Dez. 1896.
Palander, L., Marineminister, Stockholm .... » 5. Juni 1880.
von Payer, Jul., Dr. phil., Wien .... » 4. März 1875.
Penck, A., Geh. Regierungsrat Prof. Dr., Berlin .... » 5. » 1908.
Schweinfurth, G., Prof. Dr. phil., Kairo .... » 4. Febr. 1875.
Supan, Alexander, Prof. Dr. phil., Breslau .... » 6. März 1898.
Wagner, Hermann, Geh. Regierungsrat Prof. Dr. phil., Göttingen » 6. » 1898.
von Wilczek, Hans, Graf, Exc. K. K. Wirkl. Geheimrat, Wien » 4. » 1875

II. Korrespondierende Mitglieder.

Basedow, Herbert, Dr., Adelaide .... seit 3. März 1910.
Cora, Guido, Prof., Rom .... » 6. Dez. 1894.
Debes, E., Prof. Dr., Leipzig .... » 1. Mai 1886.
Friederichsen, Max, Prof. Dr., Greifswald .... » 5. März 1908.
von Hesse-Wartegg, Ernst, Tribschen-Luzern .... » 4. Dez. 1879.
Keller, Rich., Paris .... » 6. Nov. 1887.
Philippson, Alfred, Prof. Dr., Bonn .... » 5. März 1908.
Sapper, Karl, Prof. Dr., Strassburg i. El. .... » 5. » 1908.
Wegener, Georg, Dr., Berlin .... » 5. » 1908.

III. Ordentliche Mitglieder.

Abegg, Fr.
Abt, Leopold.
Adam, Jul., Dr. med.
Adler, Gustav.
Adler, Richard Paul.
Ahlburg, Schulrat Dr.
Albers, Gustav L.
Albrecht, Ernst, Dr. phil.
Albrecht, Max, Dr. phil.
Alsberg, A., Dr. med., Oberarzt.
Aly, G. J., Pastor.
Aly, Paul, Dr. med.
Amsinck, M. G.
Andersen, C., Schiffsreeder.
Apel, Gustav.
Arndt, Oskar.
Arning, E., Dr. med.
Aufschläger, C. A. M., Dr.
Augustin, Karl.
Aust, Albert.

Ballin, Alb., Generaldirektor d. Hamburg-Amerika-Linie.
Bargebuhr, Arnold, Dr. med.
Barkow, F., Dr. med.
Bartels, Ed., Dr. iur., Amtsrichter.
Bartels, Walter.
Barthmann, Rob.
Bauer, Max.
Becker, C. H., Prof. Dr.
Becker, Wilh., Dr.
Becker, Robert.
Beckmann, John.
Behn, Ernst, Dr.
Behrend, Paul, Dr. phil.
Behrmann, Chr., Dr. theol, Senior Ministerii.
Beith, M.
Bendixen, Fr., Dr., Bankdirektor.
Benecke, Otto, Dr. med.
Bennholdt-Thomsen, C. G.
Benzian, R., Dr.
Berendt, M.
Berendt, Max, Ingenieur.
Berghaus, Herm.
Berkan, W. M. P.
Berkemeyer, A.
Berkemeyer, Oswald.
Berlin, Axel.
Beselin, Otto, Dr. med.
Beselin, Richard V.
Beukemann, Wilh., Dr. phil., Direktor d. Stat. Bur. d. Steuer-Deputation.
Bichel, C. E., Dr. ing.
Bieber, Arthur, Dr.
Bieber, Franz Voguell.
Bieber, Theodor.
Biermann, Carl.
Bing, Max.
Binzer, A. Freiherr von, Major, Altona.
Birgfeld, C. F. W.
Birtner, F. W.
Bitter, Wilhelm, Dr. iur.
Blohm, G., Dr. iur.
Blohm, Hermann, Ingenieur.
Bluhm, Eduard.
Blum, Adolf.
Böcker, Georg.
Böcker, Walter.
Bödiker, Carl.
Boerner, A., Dr. phil., Oberlehrer
Boerner, H.
Bötzow, F. G. C., Rat Dr., Ständiger Hülfsarbeiter des Senats.
Bohne, Albert, Dr. med.
Bolau, Heinr., Direktor Dr. phil.
Boldemann, Hermann.
Bollenhagen, Emil.
Bolte, Friedrich, Dr., Direktor der Navigationsschule.
Boltz, Bernhard H.
Booth, Oskar.
Bose, C. von.
Botsch, G. L.
Brach, Rud., Direktor Dr.
Bramslöw, F. C., Direktor.
Brandt, Dr. med., Belzig.
Brauss, Hermann.
Brennecke, W. Dr.
Brettschneider, H. P. E.
Breyer, Joh. Eduard.
Breymann, Wm. H.
Brock, Gustav.
Broemel, Hugo.
Brons, Claas W.

Brückmann, Alb.
Brügmann, Otto.
Brütt, H.
Brütt, M. D., Schulrat Prof. Dr.
Brunckhorst, Alexander.
Brunn, M. von, Professor Dr.
Budde, Claus.
Bunzel, Carl.
Burmeister, Eduard.
Byhan, A., Dr. ph.

Calmon, Alfred.
Cohen, Alfred.
Cohen, Arthur.
Cohn, Carl.
Cohn, Max L.
Cohn, Richard.
Cords, Julius.
Cordts, Cäsar H.
Crasemann, Alfred.
Crasemann, Hans.
Crasemann, Max, Dr. iur.
Crasemann, Rudolf.
Creutzburg, Ernst.

Dannenberg, Herm.
Darapsky, L., Dr. phil.
Dehn, Otto, Dr. iur.
Delfs, A.
De la Camp, Otto.
Delius, von, Hauptmann.
Dellschaft, Hermann.
Deneke, Th., Dr. med., Direktor.
Deurer, W., Konsul.
Diederichsen, Gustav.
Diersche, M., Prof. Dr.
Dietrich, Julius.
Döbler, E. W.
Döhner, F. A.
Dörmer, Oberlehrer Dr.
Donner, K. Th., Dr. iur.
Dorn, P.
Drews, Curt, Major z. D., Lübeck.
Droege, Ad., Rat. Dr.
Droege, Ludwig.
Dreyer, Eduard.
Duhn, C. Chr. von, Dr. iur.
Duncker, Arth., Direktor.
Duncker, Carl.
Duncker, H. A., Konsul.
Duncker, W. F.
Dunker, Franz.
Dykes, Geo.

Ebers, Karl.
Eberstein, H. von, Hauptmann.
Ebert, Oskar H.
Eckmann, Hugo.
Eichenberg, Paul.
Eichholz, Gustav.
Eichler, Wilh.
Eidenbenz, W., Apotheker.
Eiffe, Adolph H.
Eiffe, F. F.
Elkan, Carl.
Engel, Jul., Präsident der Bürgerschaft.
Engelbrecht, Adolph.
Erbe, Max.
Ewald, Oskar von.

Falkenstein, Gustav.
Fellmer, Eduard.
Fick, Wilh.
Finder, Ernst, Oberlehrer Dr. phil.
Findlay, George.
Flemming jr., Paul, Dr. iur.
Fock, Georg, Dr. med.
Fontheim, Jwan.
Fooken, G. F.
Förster, K., Oberlehrer Dr.
Fränckel, Siegfried.
Frese, Emil.
Freudenthal, Max.
Freygang, Reinhold.
Friedburg, Martin E.
Friederichsen, Ludw., Dr. phil.
Friederichsen, Richard.
Friedländer, Max.
Friedmann, Franz.
Friedrichs, H., Postdirektor.
Fritz, Rud.
Froede, Otto.
Fülleborn, Fr., Prof. Dr. med.

Gabe, Joh.
Gätjens, J. C. Otto.

Galles, Gerrit.
Garrels, Johann Heinrich.
Gartmann, Franz.
Gentzen, Kurt, Dr.
Gentzsch, Otto, Postrat.
Gerson, Georg.
Gestefeld, Major.
Gevenich, Hubert.
Gibsone, Thom., Rat d. Dep. f. Handel u. Schiffahrt.
Giemsa, G.
Girard, Pierre, Generalkonsul.
Godeffroy, J. C.
Goebel, Generalarzt Dr. med., Altona.
Göpner, Carl, Direktor.
Goerlich, Rud.
Goerlitz, Martin, Dr.
Götting, A. F., Direktor der Freihafen- und Lagerhaus-Gesellschaft.
Göttsche, Albert.
Goldenberg, Wilh.
Goldschmidt, Edm.
Goldschmidt, Otto.
Goldstein, Michael.
Goos, Max, Dr. phil., Oberlehrer.
Gorden, Felix, Dr. Landrichter.
Gossler, J. H.
Gossler, Cornelius von Berenberg-.
Gossler, John von Berenberg-.
Gossler, Rudolf G.
Göttsche, Albert.
Goverts, Ernst F., Dr. iur., Landgerichtsdirektor.
Grabner, A., Dr. phil., Oberlehrer.
Grallert, Emil, Konsul.
Grandefeld, K., Dr. phil.
Grau, Ottmar.
Griesing, Ed., Oberlehrer.
Groenewold, E. B.
Grossmann, L., Prof. Dr.
Grote, C. G.
Grünig, Oberst z. D.
Gruner, C. G. W.
Gruner, Siegfried.
Gültzow, Albert.
Gürich, G., Prof. Dr.
Güssefeld, Georg Wilh.
Güssefeld, Otto, Dr. phil.
Gulda, F.
Gumprecht, Heinrich.

Hagen, K., Prof. Dr.
Hagenbeck, Carl.
Hagenbeck, Heinr.
Hagenbeck, Lorenz.
Hahn, Heinr. J. E.
Hahn, R., Dr. med.
Halben, Herm., Dr.
Haller-Hallerstein, Ulrich, Freiherr von.
Hallgarten, Albert N., Generalkonsul.
Hallier, Eduard, Dr. iur.
Haltermann, Johann.
Hammacher, Albert.
Hammer, Dr., Oberlehrer, Altona.
Hane, Walter, Direktor.
Hansen, Julius.
Hansing, Heinr.
Hansing, L. F.
Hansing, Otto H.
Hanssen, Alphons B.
Hansson, Elof.
Harder, Herm. J.
Harke, L. F. C., Dr. iur., Landrichter.
Harling, Gustav.
Hartmann, E., Rat Dr.
Hartmeyer, Hans, Dr.
Hartmeyer, Herm., Dr.
Hass, Heinrich.
Hasselmann, Carl.
Hastedt, Paul.
Hauer, Albert.
Hausamann, Oscar, Dr.
Hauthal, R., Prof. Dr., Hildesheim.
Hegemann, F., Kapitän.
Heidke, Paul, Dr. phil.
Heidmann, R. W., Senator.
Heinemann, C. F. K., Lehrer.
Heinemann, Hermann.
Heinichen, Oberlandesgerichtsrat.
Heintze, Gustav H.
Heintze, W., Bankdirektor.
Held, H. A.
Hendel, J., Dr.
Hennings, Paul, Dr. med., Reinbeck.
Hering, Cuno.
Hermsen, Diedrich.
Hermsen, Theodor.
Hernsheim, Ed., Konsul.

Herrmann, E., Prof. Dr.
Herrmann, Paul, Dr.
Herrmann, P. Julius.
Hertz, Ad. Jacob, Direktor.
Hertz, Daniel, sen.
Hertz, G., Dr. iur., Senator.
Hertz, Richard.
Hertz, Rudolf, Dr. iur.
Herz, A., Contre-Admiral, Direktor der Deutschen Seewarte.
Herz, Albert, Dr. med.
Hesse, Alfred P.
Hesse, F. W. H.
Hesse, G. jr.
Hesse, Max.
Hesslein, Siegm., Dr.
Heye, F. C. Th., Geh. Kommerzienrat.
Heymann, Jul.
Heyne, Fritz.
Hinrichsen, Max, Landgerichtsdirektor Dr.
Höffler, Paul, Apotheker.
Höhnke, Friedr., Bergedorf.
Hoffmann, von, Lieutenant, Wandsbeck.
Hoffmannsegg, Graf v. Rittmeister, Wandsbeck.
Hoffmann jr., Georg.
Holm, H. J.
Holthusen, Gottfried, Senator.
Holtzapfel, Eduard.
Hoppe, Edm., Prof. Dr.
Hoppe, Hugo.
Horn, Erich, Dr.
Hübbe, J. J., Direktor.
Hübbe, P. G.
Hündersen, A.
Hüttenheim, Paul Rob.
Hüttner, Herm.

Iselstöger, Georg, Sekretär des k. k. Österr.-Ungar. Generalkonsulats.

Jacobs, Cornelius.
Jacobsen, Max, Direktor.
Jacobson, Aug.
Jahn, Gust. Jos.
Jantzen, Kapitän zur See z. D.
Jantzen, C. F. W.
Jensen, Emil.
Jösting, Wilh.
Johns, H. E., Marine-Ingenieur.
Jonassohn, Otto.
Jordan, Julius.
Jorre, Ernst Heinrich.
Jowien, W. E. F.
Jürgens, R., Garteningenieur.

Kaehne, K., Rat Dr.
Kaemmerer, A., Dr. iur.
Kaftal, Seweryn.
Kallmes, Siegfried.
Kannengiesser, E., Oberlandesgerichtsrat.
Kanzow, Rudolf.
Kein, Woldemar, Realschullehrer.
Kelter, Edm., Prof. Dr., Oberlehrer.
Kiesselbach, W., Dr. iur., Rechtsanwalt.
Kleinwort, Georg.
Klincksieck, Fregatten-Kapitän z. D.
Klinge, Fritz.
Klingender, Generalmajor a. D., Gr. Flottbeck.
Knobligk, Oberstaatsanwalt, Altona.
Knoth, M., Dr. med.
Koch, Max, Oberlehrer Dr., Altona.
Koch, Richard V.
Koch, Victor, Bankdirektor.
Kochen, Albrecht.
Kochen, Max.
Köbcke, Carl.
Kölisch, Erich.
Königsberger, J.
Köppen, B., Baumeister.
Korn, K., Bankdirektor.
Kraepelin, Carl, Prof. Dr. phil., Direktor des Naturhist. Museums.
Kraft, Ernst.
Kraft, Philipp, Dr. phil., Oberlehrer.
Krauss, Alfred.
Krauss, J., Dr.
Kremer, Eduard, Dr.
Kretschmer, Heinr.
Kries, C. von, Hauptmann z. D.
Krille, F., Zahnarzt.
Kröger, Herm.
Kröhnke, B.
Krönig, Daniel, Rat Dr. iur.
Krumbein, G.
Kück, Alberto.
Kück, Roberto, Dr., Rechtsanwalt.
Kümmell, Herm., Prof. Dr. med.

Kugelmann, Ferd.
Kunkel, Christian, Dr. med.

Lachmann, Ed.
Lachmann, Julius, Fabrikbesitzer.
Latschinow, Adrian von, K. Russischer Vizekonsul.
Lau, Hugo.
Lavy, Charles.
Lazarus, Rudolf.
Leesemann, Karl W.
Leichhardt, Paul.
Leisewitz, Wilhelm.
Lenz, Emil, Dr. med.
Leppien, August.
Levinsohn, Bernhard.
Levy, Rudolf.
Levy, W.
Lewels, Oberlehrer, Dr.
Lichtwark, Prof. Dr. phil., Direktor der Kunsthalle.
Liebermann, Ernst.
Liebermann, Franz.
Liebrecht, Dr.
Linde, R., Prof. Dr., Oberlehrer.
Lindener, Arthur, Gr. Flottbeck.
Lindner, Stabsarzt Dr.
Lippert, Ludwig, Dr.
Lipschütz, G.
Löhmann, Aug., Altona.
Löhmann, R., Oberlandesgerichts-Präsident.
Löwenadler, Otto.
Loewenstein, Ernst, Dr. iur., Amtsrichter.
Loewenstein, Simon.
Loewenthal, Richard.
Lohr, G., Dr. med.
Lubcke, August.
Lubcke, Aug. Chr. A., Ottensen.
Lübbert, Hans O., Fischereidirektor.
Lütgens, Rud., Dr., Oberlehrer.
Lüttge, Werner, Dr.
Lutteroth, Arthur.
Lutteroth, G. E. Ascan.
Lüttmann, Joh.
Luttropp, E.

Maack, Elert.

Maass, Ernst, Verlags-Buchhändler.
Maegli, J., Konsul.
Magnus, Walter.
Marck, M.
Marcus, G.
Markiel, J., Dr. med.
Marschall, Hermann.
Martens, G. H.
Marx, Jakob.
Massow, W. von, Chefredakteur.
Matthiesen, F. E., Direktor der Seemannsschule.
Maurer, A., Kapitän.
Mayr-Bertheau, Jul.
Mayer, Martin, Dr. med.
Melle, Werner von, Dr. iur., Senator.
Merck, Ernest.
du Mesnil de Rochemont, Th., Dr. med., Altona.
Meyer, Ernst A., Baumeister.
Meyer, Franz Bernh.
Meyer, H. C. Eduard, Konsul.
Meyer, Herm., Dr. phil.
Meyer, Moritz, Dr. med.
Meyer, Siegmund, Dr. med.
Meyerhof, Moritz.
Michaelsen, H., Dr. phil.
Michaelsen, W., Prof. Dr.
Michahelles, Alfred, Senator.
Michow, Heinrich, Dr. phil., Schulvorsteher.
Miehe, Otto G.
Mönckeberg, Rudolf, Dr. iur.
Mohr, Carl.
Moll, Eduard G.
Moller, U. Ph., Dr. iur., Präses der Vormundschaftsbehörde.
Möller, J. F.
Möller, Martin.
Müller, Adolf, Diplom-Ingenieur.
Müller, Clemens.
Müller, Eduard.
Müller, Eduard, Dr.
Müller, Ernst.
Müller, Gustav.
Müller, Joh., Dr., Oberlehrer.
Münchmeyer, Herm.
Münzel, Prof. Dr., Direktor der Stadtbibliothek.
Mugdan, D., Generalkonsul.
Mutzenbecher, H. F. M.

Nagel, Carl.
Nathusius, Anton
Neckelmann, Carlos.
Nerger, Max
Neubauer, A.
Neumann, Direktor Dr.
Newman, Henry P.
Niebour, Th., Dr., Navigationsschul-Direktor a. D.
Niemann, Friedrich, Hauptmann a. D.
Niemeyer, C. F.
Niemeyer, E.
Niemeyer, Gotthardt.
Nocht, B., Prof. Dr. med., Medizinalrat.
Nölting, Paul Eduard, Konsul.
Nölting, P. H.
Nordheim, Edmund.
Nordheim, Louis.
Nordheim, Robert.

Oberländer, Carl.
Obst, E., Dr. phil.
Oehrens, W., Dr. med.
Oettinger, Ernst.
Ohlendorff, Hans, Freiherr von.
Ohlendorff, Heinr , Freiherr von.
Ollerich, Adolf.
Ollerich, H.
Ollwig, Dr. med., Stabsarzt.
Olshausen, A., Dr. med.
Opitz, Paul, Kapitän.
Oppenheim, Albert.
Opper, Paul, Dr. med., Marinestabsarzt a. D.
O'Swald, William, Bürgermeister.
Otten, Georg.
Ottens, F.
Otto, Dr. med., Physikus.

Palmer, Otto, Dr. med.
Passarge, S., Prof. Dr., Wandsbeck.
Patow, Otto.
Patow, Walter.
Pauly, C. August.
Pels, Richard, Dr.
Perlewitz, P., Dr. ph.
Persiehl, Hermann Otto.
Peter, Eduard.
Peters, Otto.
Petersen, Emil.
Petersen, G , Dr iur , Rat
Petersen, Joh., Dr. phil., Direktor des Waisenhauses.
Petersen, Rudolf, Bankdirektor.
Petzet, Theodor, Oberapotheker.
Pfeffer, Georg, Prof. Dr. phil.
Pfeiffer, E., Prof. Dr. med., Physikus
Philip, Ivan.
Philippi, M. A.
Philippi, W. A.
Pieper, Gustav R., Seminarlehrer.
Pinckernelle, A. E.
Plambeck, Landrichter Dr.
Plate, Georg A.
Poelchau, Harald, Dr. iur.
Poelchau, Warner, Dr. iur , Direktor
Pohl, Freiherr von.
Polack, Oscar.
Polano, Hermann.
Polis, A., Kapitän.
Pontoppidan, Hendrik.
Poppenhusen, Fr. Ad.
Porten, von der, Dr. med.
Predöhl, Max, Dr. iur , Bürgermeister
Prehm, Adolf L. W.
Prencke, Theodor.
Prochownik, L., Dr. med.
Pulvermann, A.

Rapp, Gottfried, Dr. iur , Landrichter.
Rathgen, C., Prof. Dr.
Rathjens, Carl, cand. geogr.
Rauers, Paul.
Raydt, Th.
Reche, Otto, Dr.
Reddelien, Gustav.
Redzat, Albert.
Refardt, J. F. C., Senator.
Reifenberg, Aug.
Reimer, Max, Dr., Amtsrichter.
Reimers, Otto.
Reinecke, Aug.
Reinhold, G. B. F.
Remé, G. A., Dr. iur.
Repsold, Johann Adolf, Dr. phil.
Repsold, Oskar.
Rettberg, P., Dr.
Retzlaff, Max, Direktor.
Reuss, H., Pastor.

Richter, Bruno.
Richthofen, Heinr. Freiherr von.
Riedemann, W. A., Kommerzienrat.
Rigler, Fr., Dr.
Ringel, Tom., Dr. med.
Robertson, H.
Robinow, Hermann.
Robinow, Paul M.
Robinow, Walter S.
Roeloffs, H. A., Syndikus.
Roeper, Conrad E.
Röltgen, E., Dr., Rechtsanwalt.
Röpke, H.
Roosen, Otto B., Architekt.
Roosen, Eduard.
Roscher, H , Senator.
Rosenberg, Felix.
Ross, Claus.
Rudorff, G. O. A F., Oberlandesgerichtsrat.
Rüder, Walter, Oberarzt Dr. med.
Rüter, Herm., Dr. med.
Ruperti, Oskar.
Rupprecht, Georg, Dr.

Saarbourg, Major.
Sachse, Paul.
Sanders, Herm.
Sanders, Ludwig.
Sanne, Louis.
Sass, Karl H.
Schaps, Georg, Dr. iur., Oberlandesgerichtsrat.
Scharpff, Th., Dr. med.
Schauche, Herm , Generalkonsul Dr.
Schede, Kurt.
Schede, Max.
Schinckel, Max
Schläger, Max, Staatsanwalt Dr.
Schlee, P., Prof. Dr., Oberlehrer.
Schlinck, Julius, Dr.
Schlubach, Heinr. Adolf, Generalkonsul.
Schlüter, Adolf J.
Schlüter, Frans C.
Schmid, Henry.
Schmidt, Franz, Architekt.
Schmitz, H., Dr. iur., Rat.
Schnars-Alquist, Prof., Kunstmaler.
Schnee, R., Prof. Dr
Schön, Alex., Dr. iur., Rat.
Schönfeld, Gustav.

Schorr, Rich., Prof. Dr., Direk. d. Sternwarte, Bergedorf.
Schott, Gerhard, Prof. Dr., Abteilungs-Vorstand der Deutschen Seewarte.
Schrader, O. von, Dr.
Schramm, Ernst W.
Schramm, Max, Dr. iur., Rechtsanwalt.
Schröder, C. Aug., Dr. iur., Bürgermeister.
Schröder, Franz.
Schröder, Heinr., Dr., Landrichter.
Schröder, Martin H.
Schubert, H., Prof. Dr. phil.
Schück, A., Kapitän.
Schües, Herm.
Schütt, Richard, Prof. Dr. phil.
Schultze, Adolf, Dr. iur., Landgerichts-direktor.
Schultze, Edgar, Pastor.
Schulz, Richard.
Schwabe, Wilh.
Schwarz, Leopold, Dr. iur., Oberlandes-gerichtsrat.
Semler, Johannes, Dr. iur., M. d. R.
Seyffarth, H., Pastor Dr.
Sibeth, Paul.
Sieben, F. C.
Siebert, Otto.
Siemers, Alfred, Dr.
Siemers, Edmund J. A.
Siemers, Kurt, Dr. iur.
Sieveking, W., Dr med.
Sievers, Max, cand. phil.
Sievers, W., Prof. Dr. phil., Giessen.
Sieverts, R. C.
Simon, George.
Slevogt, Max.
Sohst, Heinr. A.
Sokolowsky, Alex., Dr. phil.
Soulsby, Basil H., London.
Stahmer, Friedr. Julius.
Stahmer, Fred. W. Th.
Steffens, Franz S.
Steffens, O., Dr.
Steidtmann, P. O.
Steinhaus, O., Dr. phil.
Stemann, Dr. iur., Landgerichtsdirektor.
Stephan, E , Oberlehrer.
Sternenfels, Bernhard Freiherr von.
Sthamer, Richard, Dr.

Stock, C. V.
Stoltenberg-Lerche, Axel, Dr. med.
Stoltz, Hermann, Kommerzienrat.
Storch, John, Dr. med.
Strack, Adolf L., Senator.
Strack, Ernst L, Dr med.
Strack, Hermann L.
Strandes, Justus, Senator.
Stratmann, W. Th.
Strebel, Hermann, Dr. phil.
Stucken, Fr.
Stück, Emil, Prof. Dr., Abteilungs-Vorstand der Deutschen Seewarte.
Stuebe, L. M. Chr.
Stümpel, Herm.
Stürken, Alfred.
Stuhlmann, Fr., Geh. Regierungsrat Dr.
Sudeck, J. L.
Sydow, Kurt von, Bankdirektor.

Tams, E., Dr.
Techentin, Ernest, Assessor.
Temme, Heinr.
Terfloth, Albert.
Thiemer, Otto.
Thilenius, Prof. Dr., Direktor des Museums für Völkerkunde.
Thomsen, Carlo.
Thorade, H., Oberlehrer Dr.
Tietgens, G. Alfred.
Tietgens, Herm.
Tietgens, H. A.
Tillmann, Ludw.
Tödten, H., Dr. med.
Tölken, Ludwig.
Todtmann, Richard E.
Tollens, L. F.
Trommel, A.
Trübenbach, Otto.
Trummer, P. H., Wandsbeck.

Ulex, H., Dr. phil.
Ullmann, Martin, Dr. phil.
Ullner, Karl.
Umber, Fr., Prof. Dr. med., Altona.
Umlauf, Karl, Prof. Dr., Oberlehrer.
Umlauff, H.

Vandel, C. S.
Venzmer, B., Prof. Dr., Oberlehrer.
Versmann, Arnold.
Viereck, Henry Ludwig.
Voelcker, Paul A. E.
Vogemann, H.
Voigtländer, Felix, Prof. Dr.
Vollbrandt, Adolf.
Voller, August, Prof. Dr. phil., Direktor des Physik. Staatslaboratoriums.
Vorwerk, Adolf.
Vorwerk, Friedrich.
Voss, Ernst, Marine-Ingenieur.
Vosseler, Jul., Prof. Dr., Direktor des Zoologischen Gartens.

Wagner, Hermann, Prof. Dr. phil., Realschul-Direktor.
Walsöe, C. L.
Warburg, Max M.
Weber, von, Hauptmann, Altona.
Weber, Eduard.
Weber, H. U., Oberlehrer Dr.
Wedeles, Heinrich.
Wegehaupt, W., Prof., Gymnasialdirektor.
Wegener, Caesar.
Wegener, Max.
Weil, Isidoro.
Weil, Sigismundo.
Wentzel, A. E.
Wentzel, W. J., Dr. iur.
Wentzler, Adolf.
Werner, Max.
Westendarp, Max.
Westphal, Heinr. A.
Westphal, Otto E., Senator.
Westphalen, Th. L.
Wiedemann, Eduard.
Wiedewaldt, Geh. Regierungsrat.
Wieler, Gustav.
Wiener, Ferd.
Wiengreen, Friedr. J., Dr.
Wilhelmi, Robert, Bergedorf.
Windmüller, P. S., Dr. med.
Winter, Ph.
Witt, J.
Woegens, S., Kapitän, Altona.
Wölber, Francis, Konsul.
Woermann, Adolf.

Wohlfahrth, Friedrich, Oberlehrer.
Wolfers, Eduard.
Wolffson, Albert, Dr iur.
Wolffson, Otto, Dr.
Wolter, Carl.
Wriedt, E. A., Altona.
Wulf, Heinrich.
Zacharias, A. N., Dr. iur, Oberlandesgerichtsrat.
Zacharias, E., Prof Dr, Dir. d. Bot Gartens.
Zander, Albert.
Zarniko, Dr med
Ziegenbein, F. H.

In dem Zeitraum vom 1. Januar 1909 bis ultimo 1910 hat die Gesellschaft folgende Mitglieder durch den Tod verloren:

1. Wilhelm Amsinck.
2. Amtsrichter W. Barth.
3. J. Borstelmann.
4. O. J. Burchard.
5. Dr. med P. Calais.
6. Konsul W. Elkan.
7. B. E. Embden.
8. Geheimrat Prof. Dr Theobald Fischer, (Marburg a. d. Lahn).
9. Prof. Dr. C. Gottsche.
10. Excellenz Graf von Götzen.
11. Johannes Herrmann.
12. Carl Illies.
13. Otto Kramer.
14. Otto Laeisz.
15. C F. Leesemann.
16. Prof Dr. H. Lenhartz.
17. Alfred Lyon
18. Postdirektor Dr. Menzel.
19. Direktor H. Meyer-Delius.
20. Friedrich Muselius.
21. Gustav A. Neubauer.
22. Excellenz Georg von Neumayer, (Neustadt a. d. H.).
23. Konsul C. Renck, (Harburg).
24. Louis Rosenfeld.
25. Senator C H. Schemmann.
26. Aug. Schmidt.
27. Adolf E. Siemers.
28. E. Sontowski.
29. Gustav W Tietgens.
30. Senator Dr. H Traun.
31. Moritz Warburg.

Mitglieder-Bestand am 1. Januar 1911.

Ehrenmitglieder	13
Korrespondierende Mitglieder	9
Ordentliche Mitglieder	737
Gesamtsumme	759

Druck von Ackermann & Wulff Nachfl., Grosardt & Gowa.

FSC
www.fsc.org
MIX
Papier | Fördert gute Waldnutzung
FSC® C083411

Zeitfracht Medien GmbH
Ferdinand-Jühlke-Straße 7
99095 Erfurt, Deutschland
produktsicherheit@kolibri360.de